无溶剂纳米类流体制备及应用

殷先泽　编著

中国纺织出版社有限公司

内 容 提 要

本书依据国内外无溶剂纳米类流体的最新研究进展，详细阐述了无机纳米类流体和高聚物纳米类流体的基础理论、制备方法、加工技术以及结构与性能的关系，并介绍了无溶剂纳米类流体在复合材料、新能源、生物医用、环境等领域的研究成果和重要应用案例。本书紧密结合无溶剂纳米类流体的基础研究与实际应用，突出其在材料科学领域的前沿地位和重要应用价值，有助于推动该领域的学术研究和技术创新，促进无溶剂纳米类流体的广泛应用。

本书可供材料科学与工程专业的教师和学生使用，也可供从事材料与产品开发的研究人员参考。

图书在版编目（CIP）数据

无溶剂纳米类流体制备及应用 /殷先泽编著. -- 北京：中国纺织出版社有限公司，2023. 12

ISBN 978-7-5229-1329-2

Ⅰ. ①无… Ⅱ. ①殷… Ⅲ. ①纳米材料－材料制备－研究 Ⅳ. ①TB383

中国国家版本馆 CIP 数据核字（2023）第 248574 号

责任编辑：孔会云　　特约编辑：陈彩虹　由笑颖
责任校对：高　涵　　责任印制：王艳丽

中国纺织出版社有限公司出版发行
地址：北京市朝阳区百子湾东里 A407 号楼　邮政编码：100124
销售电话：010—67004422　传真：010—87155801
http://www.c-textilep.com
中国纺织出版社天猫旗舰店
官方微博 http://weibo.com/2119887771
天津千鹤文化传播有限公司印刷　各地新华书店经销
2023 年 12 月第 1 版第 1 次印刷
开本：710×1000　1/16　印张：9
字数：150 千字　定价：88.00 元

前　言

随着科学技术的不断发展，纳米材料在各领域的应用日益广泛。为了解决纳米颗粒在应用过程中的聚集问题，20 世纪 80 年代初，研究者开始聚焦于纳米颗粒在流体中的分散和悬浮问题。最初的研究主要集中在使用不同种类的溶剂来稳定纳米颗粒的分散状态。然而，随着纳米类流体研究的不断深入和在更广泛领域的应用，溶剂在某些场景中显现出一些局限性。第一，溶剂可能对特定应用环境具有毒性，例如，在生物医学领域，溶剂对生物组织和细胞的影响可能会限制其应用；第二，溶剂的挥发性和易燃性在某些特殊环境下可能造成安全隐患；第三，溶剂的生产和处理过程可能会引发环境污染和资源浪费等问题。为了克服溶剂在纳米类流体研究中的限制和缺陷，无溶剂纳米类流体成为当前研究的新方向。研究表明，无溶剂纳米类流体不同于传统的溶剂和粒子组成的胶体悬浮液，而是一种单组分胶体。与传统流体不同的是，无溶剂纳米类流体的“溶质”即为纳米颗粒本身，构成了纳米类流体的核心结构，而“溶剂”则充当柔性链，构成了纳米类流体的外围结构。纳米颗粒本身与周围的“溶剂”紧密结合，使该体系不仅保持了纳米颗粒本身的特性，还增强了纳米类流体的流动性能。随着无机纳米类流体的发展，研究者又逐渐开发了以高聚物和生物大分子为核的有机纳米类流体。然而，目前对于无溶剂纳米类流体的研究仍处于试验阶段，尚未形成成熟的无溶剂纳米类流体基础理论和技术体系。为了推动无溶剂纳米类流体科技研究与应用的快速发展，本书基于笔者团队十多年来在无溶剂纳米类流体领域的研究成果，同时对国内外无溶剂纳米类流体的最新研究进展进行梳理、总结，系统介绍了纳米类流体的基本概念、理论分析、不同种类纳米类流体的制备方法及其应用前景。

本书共分为 6 章：第 1 章介绍了纳米类流体的基本概念，根据纳米类流体的性质分析了不同种类纳米类流体的制备方法，在此基础上总结了纳米类流体的国内外研究现状及其应用领域。从纳米类流体的基本概念展开分析，提出本书的研究目标、研究内容和研究方法。第2章介绍了纳米类流体的流动机理，利用流变学原理研究了纳米粒子的聚集与分散。第3章介绍了四种不同的无机纳米类流体的制备方法，并探讨了基于单组分核和多组分核的无机纳米类流体的分类、结构与性能。第4章探究了高聚物纳米类流体的基本概念，分别介绍了壳聚糖、海藻酸盐、淀粉纳米晶、纤维素纳米晶以及魔芋葡甘聚糖纳米晶等高聚物材料；阐述了高聚物纳米类流体的制备方法，并对所制备的高聚物纳米类流体进行了分类概述，分为天然高分子、生物大分子和石油基难溶有机高分子无溶剂纳米类流体。同时介绍了高聚物纳米类流体的结构与性能。第5章重点介绍了无溶剂纳米类流体在聚合物复合材料、新能源、气体捕获与吸附和热管理中的应用，同时介绍了无溶剂纳米类流体在含油废水处理、生物医用、荧光量子点、结构设计及生产与生活方面的应用。其中具体包含纳米类流体对聚合物复合材料的增强作用和润滑作用，纳米类流体在电池/电容器和太阳能储能方面的应用等。第6章对本书研究内容进行了总结并对后续研究进行展望。

本书由殷先泽主笔，郑龙、徐梅、陈之诚、付昕明、程冰冰、代家文、刘栋等为本书的编写提供了资料。

本书涉及的研究工作得到了国家自然科学基金（项目批准号：51403165、51973167、52273041）资助，在此表示衷心感谢。

由于纳米类流体的研究与发展方兴未艾，加之作者水平所限，书中不妥之处敬请广大读者批评指正。

殷先泽

2023年9月

目　录

第1章 绪论

随着科学技术的不断发展，纳米材料在各领域的应用日益广泛。纳米类流体作为一种新型的流体材料，具有优异的性能和潜在的应用前景。纳米类流体的研究源自对纳米材料的兴趣以及对传统流体性能的不断追求。20 世纪 80 年代初，随着纳米技术的兴起，研究者开始关注纳米颗粒在流体中的分散和悬浮问题。最初的研究主要集中在使用溶剂来稳定纳米颗粒的分散状态，常见的溶剂包括水、乙醇、二甲苯等。这些溶剂不仅具备与纳米颗粒相容性强、分散效果好的特点，而且在实验室中易操作和处理。研究者通过调节溶剂的性质，如表面张力、极性和溶剂—颗粒的相互作用等，来调控纳米颗粒的分散状态和稳定性。

然而，随着纳米类流体研究的深入和在更广泛领域的应用，溶剂在某些应用场景中显现出一些局限性。第一，溶剂可能在特定应用环境中具有毒性，例如，在生物医学领域，溶剂对生物组织和细胞的影响可能会限制其应用；第二，溶剂的挥发性和易燃性在某些特殊环境下可能造成安全隐患；第三，溶剂的生产和处理过程可能会导致环境污染和资源浪费等问题。因此，为了克服溶剂在纳米类流体研究中的限制和缺陷，无溶剂纳米类流体成为当前研究的新方向。研究表明，这种无溶剂纳米类流体不同于传统由溶剂和粒子组成的胶体悬浮液，而是一种单组分胶体。无溶剂纳米类流体的“溶质”为粒子本身，构建了纳米类流体的核结构，“溶剂”为柔性链，构建了纳米类流体的壳结构，“溶质”粒子与周围的“溶剂”紧密结合，这使体系不仅保留了粒子本身的固有性质，还增加了纳米类流体的流动性能，这些“溶剂”性质稳定、分散性好、对环境无污染，使纳米类流体技术的应用领域更广泛。

通过本书的探讨，期望能够为无溶剂纳米类流体的制备、应用和发展提供全面的理论指导和实践参考，推动其在更多领域的广泛应用，为科学研究和工业生产带来新的机遇和挑战。

1.1 纳米类流体简介

1.1.1 纳米材料

纳米材料始于19世纪60年代，源于科学家对胶体化学中粒子直径为1～100nm体系的探索研究。20世纪80年代，纳米材料正式获得历史地位，纳米由度量单位术语转变成材料名称的一部分，并被定义为颗粒尺寸在1～100nm的材料。同时，在这一时期，德国科学家格莱特（Gleiter）提出了纳米材料的结构模型，并制备了纳米微晶块体。这一时期有关纳米材料的研究主要集中在纳米晶或纳米相。1990年，纳米材料定义统一，研究者提出了一系列关于纳米领域的新概念，并出版了一系列与纳米材料学相关的学术刊物，这一时期往后，纳米材料在复合材料中所起的作用进入探索阶段。1994年，纳米材料工程这一概念被提出，纳米材料的研究从单一的物质填料研究转变为纳米结构设计、纳米结构组装与表面改性，这一转变扩大了纳米材料的应用范围。

纳米材料根据不同的维度可以分为：零维（二氧化硅纳米球、金属纳米粒子），一维（碳纳米管、纤维素纳米纤维、银纳米线），二维（氮化硼纳米层、MXene、二硫化钼层）。与纳米材料初期的定义不同，目前纳米材料被定义为在三维空间中至少有一维是纳米级尺寸或由纳米级尺寸微粒作为基本单元所构成的材料。表面是纳米材料的重要组成部分，其表面原子占总原子数的绝大部分，而表面原子是非晶层，其特点是长程和短程皆无序。这种特殊的结构以及极不稳定的热力学状态，使纳米材料在物理性质和化学性质上表现出许多与宏观状态不同的特性。

纳米材料的特性如下。

（1）表面效应。由于纳米材料的尺寸小，表面原子占据了整体的大部分，而表面原子由于配位数不足，导致其活化度、表面能高，为降低自身的表面能，这些粒子具有较强的吸附作用，极易与其他原子结合。

（2）小尺寸效应。当纳米材料的尺寸等于或小于德布罗意波时，晶体将失去周期性，而非晶材料的表面原子密度减小，材料的物理性质与宏观状态截然不同。

（3）量子尺寸效应。当纳米材料尺寸下降到某一值时，金属费米能级准连续的电子能级变得离散，另外纳米半导体不连续的最高被占据分子轨道与最低未被占据分子轨道能级、能隙变宽。此现象赋予了纳米粒子特殊的物理性质。

（4）宏观量子隧道效应。由于波粒二象性，当纳米粒子的能量低于势垒高度时，粒子开始出现在势垒范围之外，正如粒子在势垒这座围墙的墙壁上凿了个洞跑了出去。此效应在电子学器件领域具有良好的应用前景。

由于上述特性，纳米材料被应用于诸多领域，如医用领域、航空航天领域、微电子学领域、化工领域等，并被世界各国认为是 21 世纪最有希望的材料之一，目前仍是世界各研究领域的热门课题。

1.1.2　纳米类流体的概念

纳米类流体是一种具有核—壳结构的功能化的杂化材料，通常，核层为粒子，壳层为有机双分子层，颈层分子把核层包覆起来，并在外端留有功能性基团，冠层分子通过静电作用或强力的共价键形式与颈层分子相连。颈层和冠层充当“溶剂”，使粒子核在没有溶剂的条件下呈现类液体的流动行为，是一种均相体系。

纳米类流体的结构主要由核与壳构成。核的成分可以是零维、一维、二维纳米材料，甚至是大分子物质。壳层主要分为两部分：内层称为内冠（corona），用来连接纳米粒子和外层有机层，它由共价键固定在纳米粒子表面，通常是带有特殊官能团的离子型化合物；外层称为外冠（canopy），它作为“流动介质”，以相反的电荷与内冠相互吸引，通常是柔性长链，纳米类流体的结构如图 1-1 所示。具有核—壳结构的纳米类流体不同于纳米悬浮液，它是由纳米粒子与悬浮介

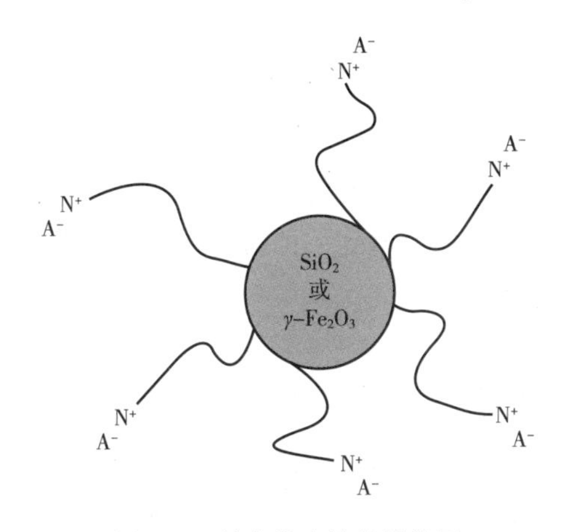

图 1-1　纳米类流体的结构图

N^+— —$CH_2CH_2CH_2N^+(C_{18}H_{21})_2(CH_3)$　A^-—抗衡阴离子

质以离子键的形式连接构成的稳定体系，在室温无溶剂的情况下表现出流动性质，并能保持其单分散的纳米结构。在这一体系中，小尺寸的纳米核层、大量的有机长链壳层以及它们之间微弱的静电相互作用力，影响着整个体系的液相稳定性。

1.1.3 纳米类流体的制备方法

随着技术的发展，纳米类流体的种类进一步增多，制备工艺也不断提升，现已有多种制备方法。

（1）离子交换法。该方法通过有机长链修饰的离子型硅烷偶联剂的硅羟基与纳米粒子表面的羟基进行脱水缩合，接着通过离子交换作用将离子型聚氧乙烯醚基柔性长链吸附在改性的纳米粒子表面。纳米粒子表面通过共价键接上带有季铵盐的硅烷偶联剂作为颈层，然后通过离子交换反应接上带有相反电荷的有机长链作为冠层，颈层与冠层通过静电相互作用而结合。此方法条件温和，制备过程中可选用水作溶剂，环保绿色，制备的产物被称为第一代类流体。大多数无机物纳米粒子都能通过此方法制备无溶剂纳米类流体。

（2）酸碱中和法。第一代类流体制备方法的改良版。此方法所用的硅烷偶联剂为酸性，所用的有机长链为碱性，两者通过酸碱中和反应结合。此方法保证了颈层与冠层按照 1∶1 的比例结合，产物纯度高。此方法制备的流体被称为第二代类流体。

（3）掺杂法。掺杂法主要利用大分子表面的原子与质子酸有机长链直接作用，这种有机长链接枝在纳米粒子表面，既可起到增溶作用，又可作为纳米粒子的功能化外层。此方法主要用于制备导电高分子纳米类流体。

（4）氢键自组装法。氢键自组装法适用于表面富含羟基的纳米粒子，因为纳米粒子表面的羟基与两端带有羟基的有机长链可以形成稳定的氢键，从而使有机长链接枝在纳米粒子表面制备得到一种新的类流体。该方法简单易操作，且固—液转变可逆，有望能大规模推广。

1.1.4 纳米类流体的性质

纳米类流体是对纳米粒子进行表面修饰后在室温下可以流动的材料。从材料结构的角度出发，它可分为两类：无机纳米类流体和高聚物纳米类流体。

纳米类流体除了具备室温无溶剂情况下的流动性外，还具有以下特征属性。

（1）纳米类流体的特殊核—壳结构使其能够减少团聚、稳定分散，在保留自身的物理化学性质的同时，还具有高比面积、小尺寸效应等纳米粒子特性，这为多种类的纳米类流体的合成及其广泛的应用提供了可能。

（2）零蒸汽压，在室温下，即使没有溶剂存在也可表现出液体的流动性，从而简化了共混过程，省去了与其他材料共混所需的溶剂，为加工提供了新的途径，减少了有机溶剂的使用。

（3）纳米类流体的体系属于杂化体系，可通过引入不同官能团的表面改性剂，赋予纳米粒子不同的特性。还可通过改变核、壳的种类，接枝密度，壳层链长来设计符合需求的纳米类流体。

1.2 纳米类流体的发展过程与现状

国际上的纳米类流体研究取得了显著的进展。研究重点包括纳米通道中的水流动、限域水的行为、质子传输、电控水透过性、离子传输和膜材料等方面。特别是在基于石墨烯的膜、纳米孔石墨烯氧化物和二硫化钼膜等方面取得了重要突破。研究人员开发了单分子分离通道，并展示了渗透能量转换方面的成果。纳米类流体研究面临的主要挑战包括跨学科整合、先进器件设计、纳米尺度观察和通信应用等方面。这些挑战将推动纳米类流体领域的进一步发展。

国内的纳米类流体研究也取得了一定的成果。研究重点包括纳米类流体的制备方法、纳米类流体的流动行为、纳米通道材料和纳米类流体在能源领域的应用等方面。在纳米类流体的制备方面，研究人员在溶液法、胶体溶胶法、乳液聚合法等方面进行了深入研究，实现了对纳米类流体制备过程的精确控制。在纳米类流体的流动行为方面，研究人员对纳米类流体在微通道流动、热传导等方面展开了研究，并取得了一定的突破。在能源领域的应用方面，国内研究人员对纳米类流体在太阳能热能转换、污水处理等领域进行了探索和应用研究。

作为一种功能化的新型材料，纳米类流体备受关注。纳米类流体发展迅猛，2005 年，纳米类流体的发明者布尔利诺斯（Bourlinos）等制备出了纳米二氧化硅类流体、纳米 γ-氧化铁类流体后，同年又制备出了一系列无机纳米粒子类流体（如二氧化钛、氧化锌、层状有机硅酸盐、碳纳米管等）和有机大分子类流体（如 DNA）。

2006 年，斯科特（Scott C）等将带有硫基的聚合物固定到铂纳米粒子表面后，通过离子交换反应，实现了金属的室温流动性，为将金、钯、铑等需加热到 1000℃才可流动的纳米粒子制备成室温可流动的类流体铺平了道路。这一成果拓宽了金属材料的应用范围，缓和了金属苛刻的加工条件，其制备方法如图 1-2 所示。

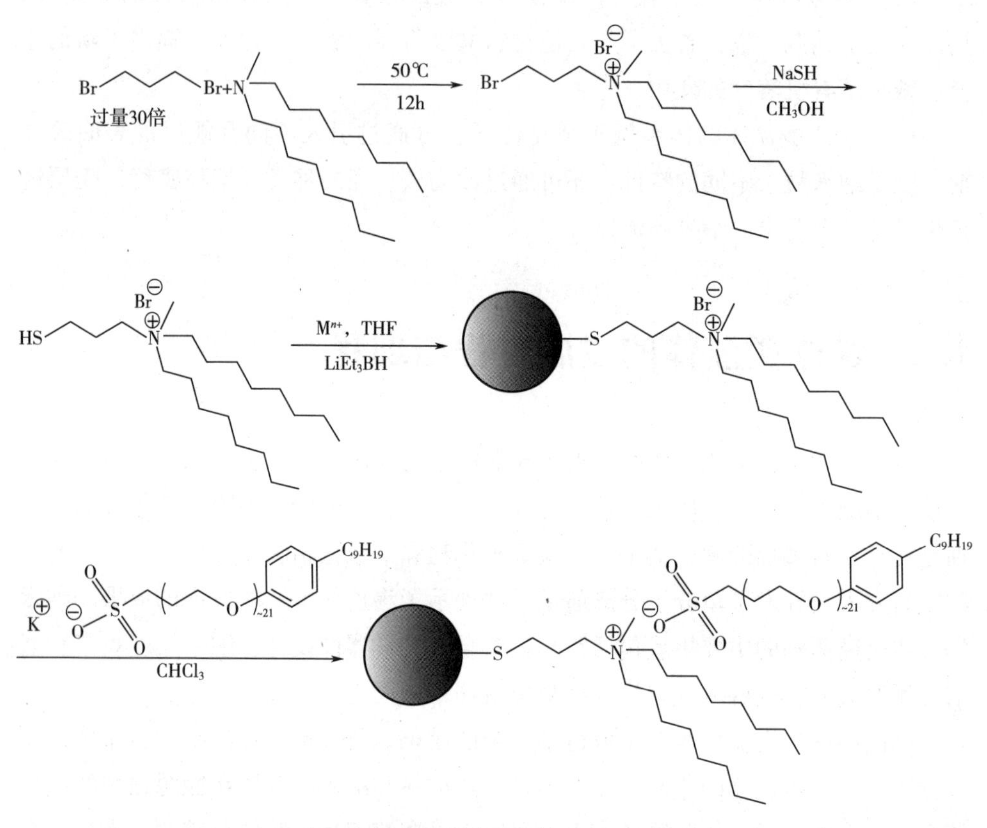

图 1-2　金属纳米类流体制备流程图

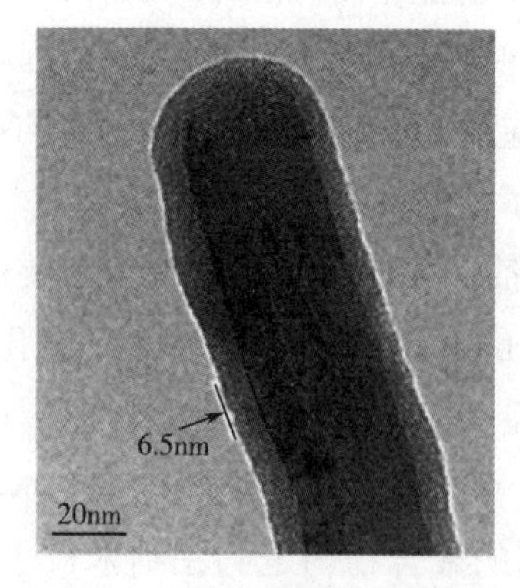

图 1-3　多壁碳纳米管类流体的 HRTEM 图像

2007 年，纳米类流体的研究进展不再止步于对种类的扩充，雷（Lei）等通过共价结合二甲基十八烷基［3-（三甲氧基硅基）丙基］氯化铵（DC5700）后，与壬基酚聚氧乙烯醚苯磺酸钠（NPES）进行离子交换反应，合成了多壁碳纳米管类流体，通过高分辨透射电镜（HRTEM）观察到了类流体的有机壳层（图 1-3），并由此构建了纳米类流体的垂直双层壳层理论模型，此发现使纳米类流体的研究方向向微观领域拓展。

2008 年，雷（Lei）等报道了关于多壁碳纳米管类流体的又一新发现，通过简单控制氧化时长的方式实现了对多壁碳纳米管类流体的黏弹性控制，通过测试与计算发现，碳纳米管的官能化密度和比表面积对碳纳米管类流体的流动性起着决定性的作用，这一发现为合成黏度可控的纳米类流体提供了理论支撑。

2008 年，詹内利（Giannelis）等发表了关于纳米二氧化硅类流体的另一种制备方法，并将制备的类流体称为第二代类流体。首先将纳米粒子与酸性的硅烷偶联剂反应，后用碱性的氢氧化钠溶液中和，通过离子交换除去阳离子后与碱性的带聚乙二醇长链的叔胺进行酸碱反应，从而得到新型纳米二氧化硅类流体。此方法避免了第一代流体制备过程中的提纯问题，使壳层的内冠与外冠能够以 1∶1 的比例进行反应，因此能够通过改变二者的比例实现对类流体产物的黏弹性控制。

2009 年，亚当（Adam）等成功合成球铁红蛋白质类流体。球铁红蛋白质类流体的合成过程如下：首先将蛋白质阳离子化，利用碳二亚胺活化法，将 *N*,*N*-二甲基-1,3-丙二胺（DMPA）结合到位于铁蛋白或脱铁蛋白的天冬氨酸和谷氨酸残基上，然后与表面活性剂 NPES 溶液反应，通过冷冻干燥法得到蛋白质类流体。此外，亚当等还对一系列的由金属（银、铟），量子点（硒化镉、硫化铅）以及磁性合金（钴铂合金）作为核的重组仿生铁蛋白进行了制备和研究。蛋白质类流体的成功合成表明这一系列的仿生蛋白质、肌红蛋白及溶菌酶等可制备成纳米类流体，此方法拓宽了生物纳米材料及其衍生物的应用。

2010 年，纳米类流体被罗伯特（Robert）等定义为纳米离子材料，这是一种由有机—无机组合的杂化材料，由纳米尺寸的无机纳米离子作为核，在核的表面接枝带有电荷的内冠，后经带有相反电荷低分子量的外冠通过电荷平衡的作用制得，并讨论总结了影响纳米离子材料物理特性的因素。

2011 年，熊（Xiong）等通过本体聚合及原位掺杂法，在聚苯胺分子链上接枝了 NPES，合成了一种具有温度依赖性可逆相转变的自悬浮聚苯胺（图 1-4），并探究了聚苯胺分子上的 N 原子的 NPES 最大掺杂数。此制备方法被命名为掺杂法，主要适用于制备导电高分子纳米类流体。自悬浮聚苯胺在电致变色装置，轻质电池、电致发光装置、燃料电池、传感器等领域具有良好的发展前景。

同年，李（Li）等将量子点通过自组装的方式制备成纳米类流体（图 1-5），通过改变温度控制量子点纳米类流体的荧光发射，此工作提高了量子点的加工性能。

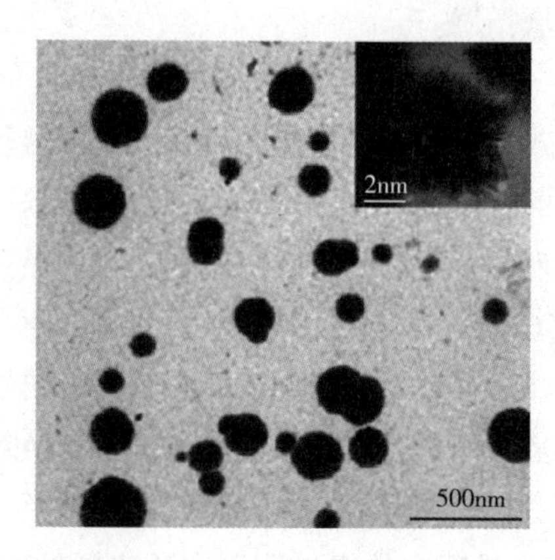

图 1-4 自悬浮聚苯胺的 TEM 图和 HRTEM 图（右上角）

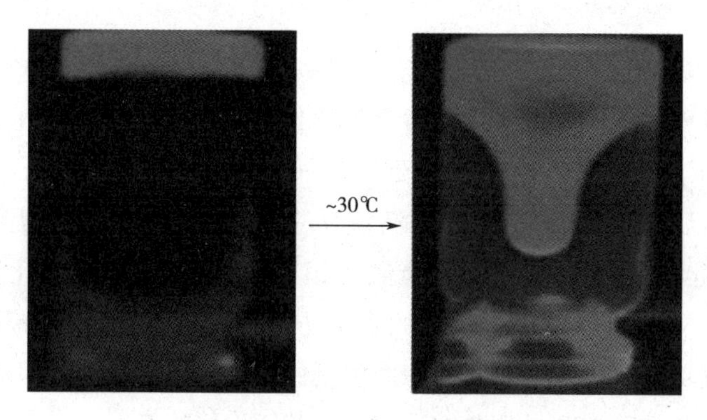

图 1-5 紫外光照射下的量子点纳米类流体

2012 年，唐（Tang）等通过酸碱中和的方法制备了氧化石墨烯（GO）纳米类流体，制备过程如图 1-6 所示。首先使氨基苯磺酸钠的氨基与氧化石墨烯表面的环氧发生反应，得到磺化的氧化石墨烯，后将其质子化除去钠离子，最后与碱性的聚醚胺进行酸碱反应。氧化石墨烯纳米类流体的合成拓宽了氧化石墨烯的应用范围，给氧化石墨烯的应用带来了新的机遇。

2013 年，耶斯佩森（Jespersen）等通过核磁共振松弛和脉冲梯度扩散实验分析了纳米类流体具有流动性的原因：最外层接枝物不限定于接枝位点，能够在不同纳米类流体颗粒间进行交换移动，从而赋予了纳米类流体流动性。并且还发现，过量的外层接枝物不会对纳米类流体的流动性起到优化作用，这一发现为纳米类流体应用于润滑领域做出了贡献。

2015~2021 年，郑（Zheng）等制备了多孔碳材料、氢型沸石、UiO-66、

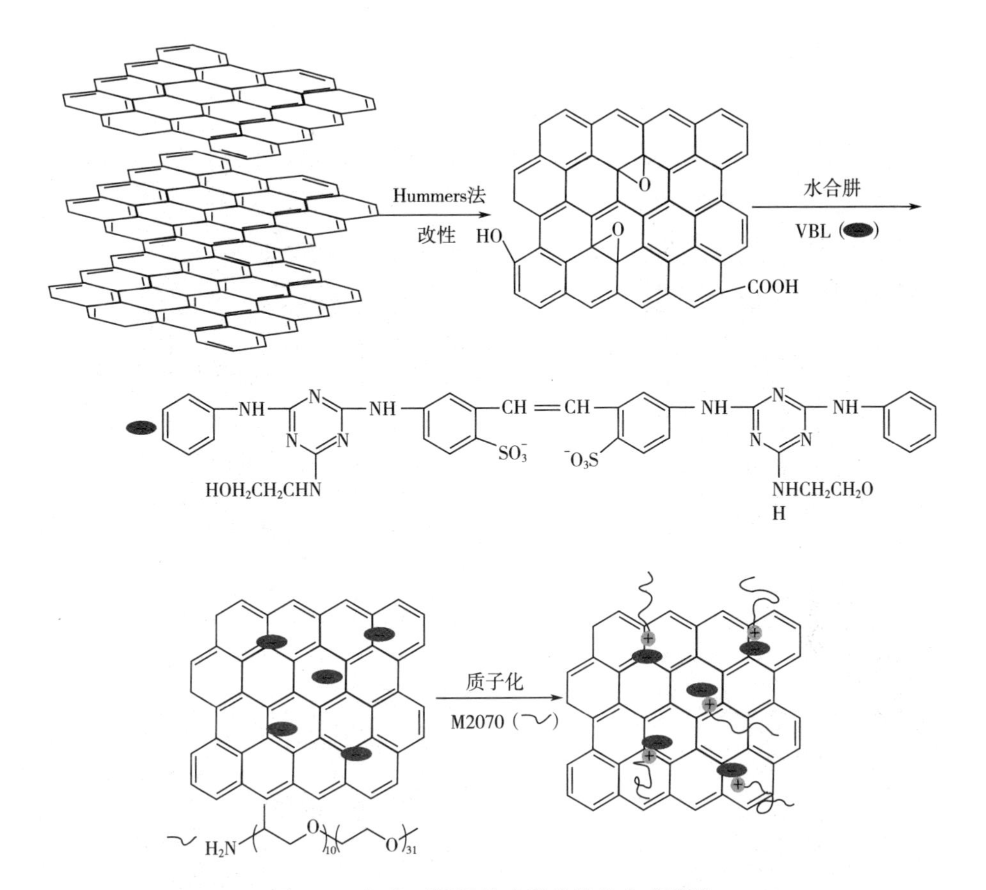

图 1-6 氧化石墨烯纳米类流体的合成路线

ZIFs 等一系列多孔类流体，并实现了对这一系列类流体的黏度和熔点等物理性能的调控，探讨了其在气体吸附分离领域的应用前景，为气体捕捉材料的设计打下了坚实的理论基础。

2020 年，张（Zhang）等从海鞘中提取纤维素，制备了纤维素纳米晶类流体，比较了酸碱中和法（TCNC-g-$SiSO_3$H-AC1815）与离子交换法（TCNC-g-DC5700-NPES）制备的纤维素纳米晶类流体的热响应性差异（图 1-7），结果显示此类流体在受到热刺激、外力刺激、电场刺激时会定向排列展现出其液晶特性，该研究在传感器、智能光子材料与 3D 打印光学器件方面展现出巨大的应用前景。

2021 年，郑（Zheng）等将表面化学性质易调控，电学性能优异和热稳定性高的热门材料 MXene 制备成类流体，此研究解决了 MXene 作为填料易团聚以及加工难的问题，为 MXene 的实际应用提供了新途径。

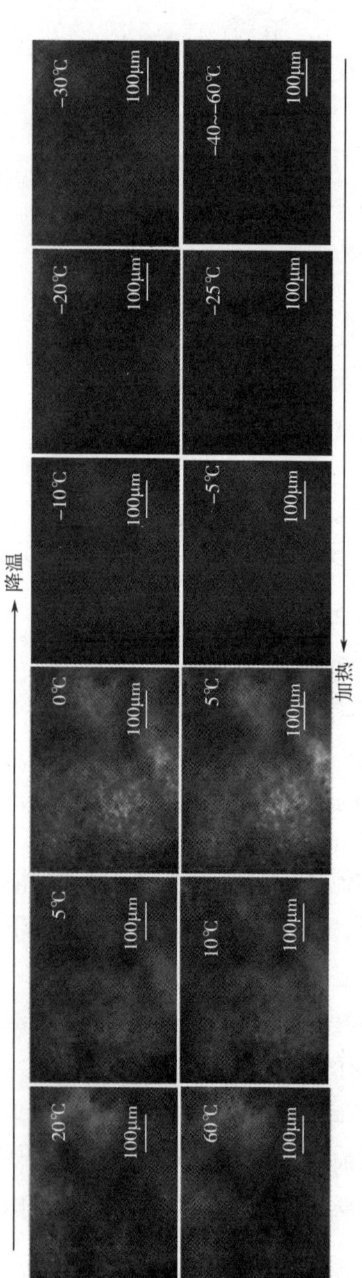

（a）离子交换法制备的纤维素纳米晶类流体具有温度依赖性的双折射图像

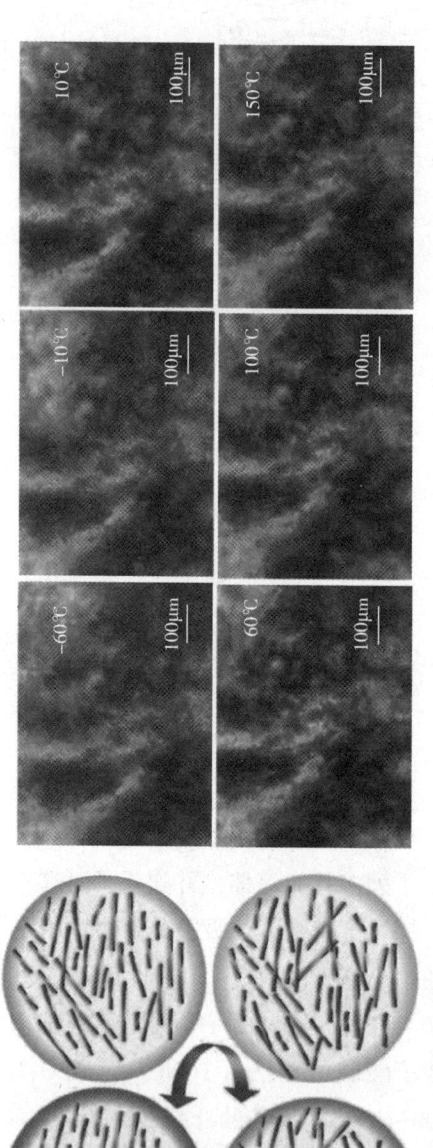

（b）离子交换法制备的纤维素纳米晶类流体在冷热循环时的排列图

（c）酸碱中和法制备的纤维素纳米晶类流体的偏光图

图1-7　离子交换法和酸碱中和法制备的纤维素纳米晶类流体的热响应性差异

1.3 纳米类流体的应用前景

纳米类流体的出现，解决了纳米粒子固有性质导致的强烈团聚倾向，拓宽了纳米粒子的应用范围。此外，纳米类流体具备无溶剂可流动、零蒸汽压、单分散、低黏度、兼容性好等特性和可官能化的壳层与核层的特殊结构，这些性质使其受到各个应用领域的青睐。

近年来，大量的文献报道将纳米类流体应用于电池领域，用作电池隔膜、固态电解质等。研究发现，纳米类流体接枝的长链分子在碳纳米管中形成微孔，可以容纳多硫化物，而长链上的亲水基团有助于捕获多硫化物来抑制穿梭效应。因此，碳纳米管类流体改性电池隔膜为制备性能优异的锂硫电池提供了一种创新性方案。

随着多孔液体概念的提出，基于多孔微孔的固体材料展现了巨大优势。纳米级多孔材料相互连接的孔或通道具有能够区分不同形状、大小、官能团的分子的特性。而纳米类流体具备液相聚合物基质和作为气体运送通道的空腔，在捕获、分离气体应用方面具有可行性。

此外，在纳米类流体中，纳米颗粒因其微小尺寸和较大表面积引起了显著的热运动改变。这些纳米颗粒的表面分子以较高频率在更短距离之间发生碰撞，从而有效促进热量的传导。同时，由于纳米颗粒的较大表面积与周围流体分子接触，进一步增强了热传递效果。这种增强的分子热运动和热传导行为，为纳米类流体带来了更高的热传导效率，从而极大地提高了其散热性能，所以纳米类流体在热管理方面有很好的应用前景。同时，纳米类流体因为其特殊的硬核软壳结构，能够对基材起到增强增韧的作用。当纳米类流体以无机纳米粒子为核时，可以提高复合材料的力学强度，而外层的有机长链增加了与聚合物基材的缠结和相互作用，能够起到增韧的作用并提高复合材料的断裂伸长率。一系列研究工作表明，改性的纳米类流体不仅能够增强增韧聚合物，还能赋予聚合物基底某些特殊的性质，例如抗静电、记忆效应、抗菌性、导热性、阻燃性等。

由于核—壳结构的纳米类流体的无机刚性核可隔绝摩擦副表面的接触从而起到润滑作用，延长零件工作寿命，以及由于刚性粒子的小尺寸，还可以作为填料修补磨损的摩擦副表面，所以纳米类流体在提高耐磨性能和减小摩擦性能方面引起了广泛的关注。最常见的应用是将纳米类流体作为润滑添加剂，同时，纳米类流体还具有电响应性，在不同的电刺激下表现出不同的润滑效果。

最后，纳米类流体还应用于油水分离、药物缓释、抗菌以及一些与生产生活相关的应用领域。在多个领域研究中，纳米类流体的应用范围不断扩展，为满足人们对生活质量和环境的需求，进一步研究制备更符合实际需求的纳米类流体及其复合材料具有重要意义。

1.4 研究内容及方法

1.4.1 研究目标及内容

在当今科学研究中，纳米类流体的制备及其应用领域存在诸多挑战和难题。传统的溶液法制备纳米类流体存在环境不友好、能耗高以及产物纯度难以控制等问题，限制了纳米类流体在多领域的应用。尽管随着科学技术的不断发展，越来越多纳米类流体的制备方法被报道，纳米类流体的独特性质也得到越来越多人的关注，但是在该领域仍然没有一部专著对纳米类流体进行系统的概述，尚未形成纳米类流体的理论、制备及应用研究体系。因此十分有必要通过对纳米类流体的基本概念、理论分析、不同类型纳米类流体的制备及其应用前景进行深入研究，为纳米类流体的进一步发展和应用奠定基础。

本书对纳米类流体的制备及应用的介绍主要集中在以下几个方面。

（1）概述了纳米类流体的基本概念，介绍了纳米类流体常见的合成方法，在此基础上研究了纳米类流体的发展历史与现状及应用前景，并提出本书的研究内容和研究方法。

（2）介绍了纳米类流体的流动机理和功能化调控，在此基础上研究了有机分子链对纳米类流体流动性质的影响，以及特定功能的纳米类流体的制备方法等。

（3）概述了无机纳米类流体的合成方法及分类，研究了纳米类流体不同核—壳结构对其性能的影响。

（4）对高聚物纳米类流体的合成方法和分类进行了阐述，在此基础上介绍了高聚物纳米类流体的不同结构对其性能的影响。

（5）重点介绍了纳米类流体在能源传输、气体捕获、热管理、油水分离、生物医用和生产生活等方面的应用。

1.4.2　研究方法及技术路线

本书对纳米类流体的制备及应用的研究方法主要有三个方面。

（1）理论概述方法。了解纳米类流体的基本概念，分析纳米类流体的发展史和发展现状，对其种类进行划分，研究不同种类纳米类流体的制备方法，为纳米类流体的应用提供理论基础。

（2）模拟计算方法。利用仿真软件研究纳米类流体的分子动力学和流体力学，并通过多尺度模拟方法对纳米类流体力学理论模型进行模拟计算，研究无溶剂纳米类流体的流动机理。

（3）实验测试方法。通过流变学研究纳米类流体的流动机理，以及不同核—壳结构对其性能的影响。

研究采取的技术路线如图 1-8 所示。

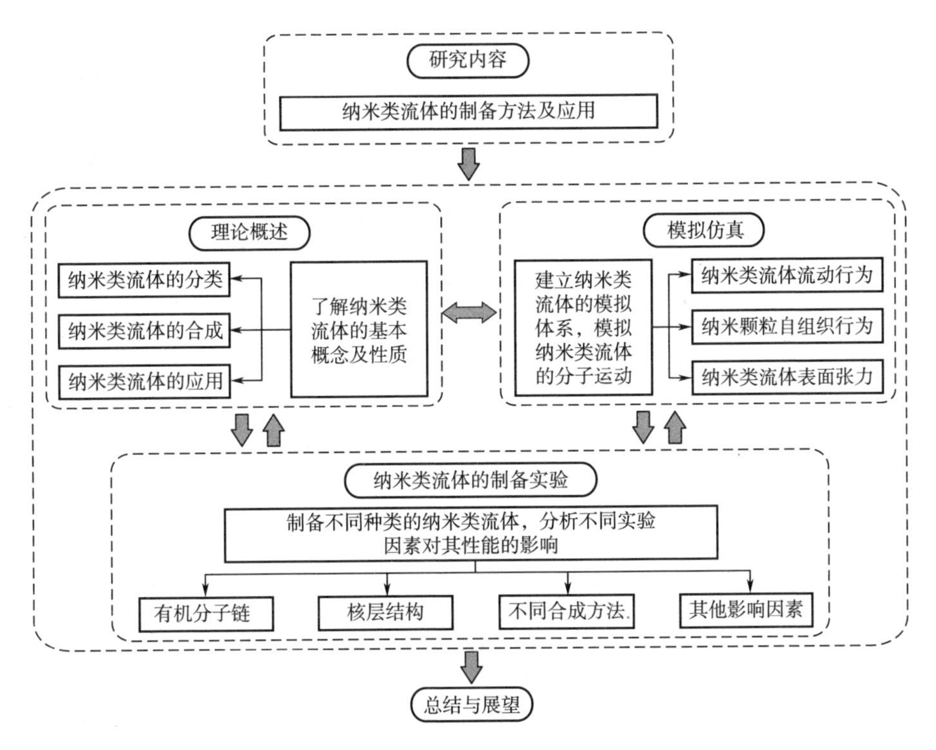

图 1-8　研究采取的技术路线

第2章

无溶剂纳米类流体理论研究

2.1 纳米类流体的流动机理与流变性质

2.1.1 纳米类流体的流动机理

无溶剂二氧化硅纳米类流体属于表面功能化的纳米材料。厘清其流动机理能够为纳米类流体被更加全面的开发与广泛的应用奠定理论基础。已有大量学者分析这类材料的流动性原因并建立了许多关键的理论流动模型。

2.1.1.1 布里渊散射模拟

布尔利诺斯（Bourlinos）等采用布里渊散射、流变仪及介电仪等设备对二氧化硅纳米类流体做了系列研究。测试结果表明，纳米粒子表面的有机长链是使其获得流动性的首要原因，流动性的获得主要涉及两个方面：一是有机长链决定了整体的玻璃化转变温度，进而决定了局部运动；二是有机长链的抑制性，使有机相无规排列，阻碍了结晶，进而减弱了纳米粒子之间的相互作用，使体系的黏度下降。

2.1.1.2 径向分布函数模拟

余（Yu）等通过设计特定的静态结构因子与径向分布函数，研究了纳米类流体的微观结构。在分子模拟、晶体学及材料分析中，径向分布函数可以用来揭示原子、分子或离子之间的空间排布关系，从而得到材料的结构信息。对于液体、气体、晶体等系统，径向分布函数可以帮助了解材料相互作用的性质以及材料的宏观性质。研究过程如下。

（1）基本假设。研究中假设连接在核心颗粒上的寡聚物可以被视为不可压缩的流体。这意味着与所有相邻颗粒上连接的寡聚物所贡献的单体浓度在间隙空间中的位置上是独立的。

（2）验证假设。为了验证这个假设，研究通过比较核心颗粒平移的熵自由能与压缩寡聚物流体所需的功来评估。这里引入了等温压缩率（isothermal compressibility）χ，表示压缩单位体积所需能量的倒数。

（3）无量纲数 X。引入一个无量纲数 X，它是 $(\chi n_b^*)^{-1}/k_B T$ 的比率，其中 χ 是等温压缩率，n_b^* 是颗粒的数量密度，$k_B T$ 是热能，表示压缩寡聚物所需的能量与核心颗粒平移的热能之间的关系。

（4）对于特定情况，如颗粒直径为 10nm、寡聚物为聚乙烯链、等温压缩率为 $5\times10^{-10}Pa^{-1}$，以及核心颗粒体积分数为 30%时，计算得到 X 约为 10^6。这表明颗粒的热能不足以压缩介质中的寡聚物，从而认为寡聚物是不可压缩的。

（5）余（Yu）等进一步探讨了如何将不可压缩性引入密度泛函理论，描述了连接在核心颗粒上的寡聚物在没有其他溶剂分子的情况下的行为。研究使用一种正则微扰方法，根据弱场近似（weak-field approximation）得出寡聚物浓度场的解，并以此为基础，对核心颗粒的径向分布函数和静态结构因子进行了半解析的计算。

通过假定壳层有机长链处于动态平衡，结合密度泛函理论，分析了壳层的平衡构象以及纳米粒子的分布函数，推算结果表明每个粒子都有各自的“流动介质”，这种结构促使彼此相邻的纳米粒子被分隔开来，无法发生相互作用，从而降低整个体系的黏度，赋予了整体流动性。

2.1.1.3 核磁共振技术解释流动机理

耶斯佩森（Jespersen）等采用核磁共振松弛及脉冲场梯度扩散技术研究了无溶剂纳米类流体中冠层分子的动力学。从动力学上来说，假设接枝在纳米粒子上的冠层分子随纳米粒子一起运动，则它们的扩散速率应该相同。但这项研究发现，类流体中冠层分子的扩散速率虽然比纯冠层分子体系中的扩散速率低，但比类流体中纳米粒子的扩散速率高。这说明无溶剂纳米类流体中冠层分子能够在接枝点甚至纳米粒子之间发生快速的离子交换。研究表明，这种快速的离子交换行为是产生类流体特性的原因。

2.1.1.4 分子动力学模拟

洪（Hong）等利用分子动力学模型对无溶剂纳米类流体的流动做出了模拟计算。NIMs 指的是纳米结构离子材料，目前讨论的型号有两种：NIMs-L 和 NIMs-S。NIMs-L 具有线性链结构，表面位点不移动，主要涉及伯胺；NIMs-S 具有星形链结构，具有更多可移动的负极位点，代表第二代 NIMs 系统，涉及叔胺。这些模型具有特定的结构和电荷特性，以适应不同的应用或不同代的 NIMs

系统。NIMs 模型示意图如图 2-1 所示。

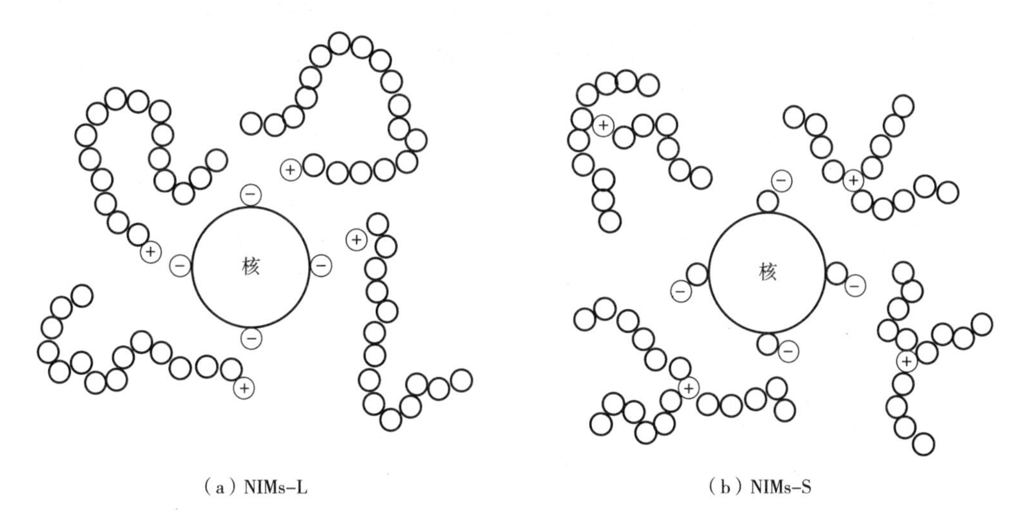

图 2-1　NIMs 模型示意图

在建立了模型之后，洪（Hong）等进行了分子动力学模拟，步骤如下。

（1）模拟工具和计算参数。使用 LAMMPS（large-scale atomic/molecular massively parallel simulator）代码进行模拟。静电相互作用的求和采用了粒子—粒子、粒子—网格方法，网格尺寸为 72×72×72，每个电荷在每个空间维度上跨越 5 个网格单元。静电能的相对精度为 10^{-4}。时间步长被设定为 $\delta_t = 0.008$（对应实际时间步长为飞秒），通过初步试验确定了能够保持能量守恒和模拟稳定性的最大可允许时间步长。

（2）系统大小和初始化。研究的基本系统有 $N = 100$ 个纳米颗粒，总共 37600 个相互作用中心，其中有 5000 个带电。模拟的立方盒子尺寸通过在 $T = 300$K 下进行恒温模拟来确定，以获得接近零压力（对应大气条件）的条件。这导致盒子长度为 $L = 14.8$nm，总体质量密度为 1.1g/cm^3。系统中核心颗粒的体积分数为 13%。系统的初始化涉及将纳米颗粒随机放置在一个尺寸为 $L = 220$nm 的立方盒子中，以确保没有两个粒子的距离小于 7nm。然后在每个粒子上随机生长链，以确保链与链之间以及链与粒子之间没有重叠。随后以每个时间步长减少 0.001nm 的速率缩小模拟盒子，直至达到所需的盒子长度。

（3）模拟参数和运行。在初步平衡化后，采用 NVE 集合模拟进行“生产”模拟。模拟中的动能温度平均为 306K。同时，还研究了一个较小的系统，其中 $N = 50$ 个纳米颗粒（$L = 11.7$nm），以探索有限大小效应。

（4）数据分析。通过分析模拟快照（每隔 1000 时间步长，相当于 12ps）来计算平均平方位移和离子关联的相关函数。离子的关联由距离准则定义，截断距离为 0.62nm，该距离对应于正负离子对相关函数中的第一个极小值。在任何给定时间，统计在初始关联半径内的表面位点或核心颗粒附近仍满足距离准则的离子数量，而不考虑它们在中间时间的轨迹。

以上研究表明，纳米颗粒外围的长分子链的移动性对纳米类流体的流动性和离子导电性有重要影响。链在表面位点和核心颗粒之间的跳跃提供了基于阳离子的超离子导电机制。模拟计算结果也表明这种快速的离子交换行为是无溶剂纳米类流体具有流动性的原因。

2.1.2　纳米类流体的流变性质

纳米类流体的流变性质受多种因素的影响，其中黏度是衡量其内部阻力和抗剪切变形能力的关键物理量。在测量纳米类流体的黏度时，常用的方法包括悬浮体法、旋转黏度计法以及振荡器法。悬浮体法通过测量纳米颗粒在类流体中的沉降速度或浮力，应用斯托克斯定律计算黏度。旋转黏度计法通过测量类流体中旋转盘或圆柱体的阻力，获得黏度值。振荡器法则通过测量振荡器在纳米类流体中振荡时的阻尼来计算黏度。除了这些常规测试方法，类液体的纳米类流体也可用流变仪来测出黏度。

纳米类流体的黏度受多种因素影响，主要在于纳米颗粒与有机分子链的相互作用。纳米颗粒的浓度、大小、形状、表面性质和温度等因素影响着黏度。增加纳米颗粒浓度会增强其相互作用，包括静电斥力、范德瓦耳斯力等，导致颗粒在有机分子层中聚集，从而增加黏度。纳米颗粒的大小也显著影响黏度，大颗粒需要更多能量来克服阻尼以实现移动，因此表现出较高的黏度。纳米颗粒的形状也会影响黏度，例如纳米棒状颗粒因难以定向排列而表现出较高的黏度。此外，纳米颗粒的表面性质，如电荷，会影响它们的相互作用，从而影响流体黏度。温度也会在纳米颗粒与有机分子层相互作用时影响黏度，引起温度依赖性的变化。

以埃洛石（HNTs）纳米类流体为例，其流变行为如图 2-2 所示。埃洛石纳米类流体在室温下呈黄色凝胶状，并且能在无溶剂的情况下流动，从图 2-2 可以看出，在 35~75℃内，弹性模量（G'）一直高于损耗模量（G''），表明在此温度区间内，体系中存在类固体的弹性流变行为。随着温度的升高，G'和 G''均有所下降，当体系温度达到 80℃时，$G''>G'$，此时，样品发生固液相转变，样品表现出流体行为。随着温度的升高，样品的黏度也随之降低，当体系温度达到 100℃

时，样品黏度为 50Pa・s，与蜂蜜黏度（11Pa・s）处于同一数量级。

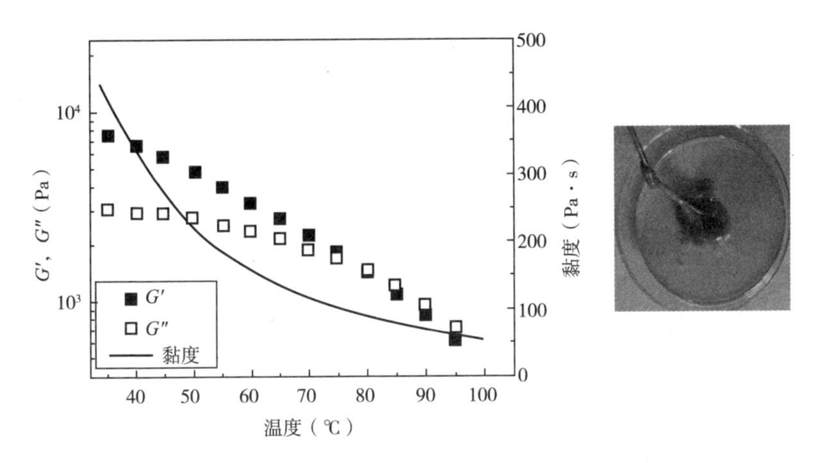

图 2-2　埃洛石纳米类流体模量—温度曲线、黏度—温度曲线及数码照片

在剪切变形下，纳米类流体可能呈现出弹性行为，包括弹性模量和线性/非线性应力—应变关系。弹性模量描述了流体在应力下发生弹性变形的能力，较高的弹性模量意味着较高的刚度。在小应变范围内，流体呈线性应力—应变关系，满足胡克定律。然而，在大应变范围内，流体可能出现非线性行为，引发剪切增稠或剪切变稀等复杂的流变现象，这取决于纳米颗粒的相互作用和微观结构。

图 2-3　室温下淀粉纳米类流体倒置前后的数码照片

以淀粉纳米类流体为例，图 2-3 为淀粉纳米类流体在室温条件下倒置前后的数码照片，可以看出淀粉纳米类流体为深棕色液体，能够在无溶剂存在的条件下流动。图 2-4 和图 2-5 分别为淀粉纳米类流体的 G''和 G'随角频率和温度变化的曲线图，动态流变测试可以用来表征聚合物材料的黏弹性行为。图 2-4 表明在室温条件下淀粉纳米类流体在测试频率范围内始终呈现出 $G''>G'$的类液体响应，并且显示出强烈的频率依赖性。此外，如图 2-5 所示，在测

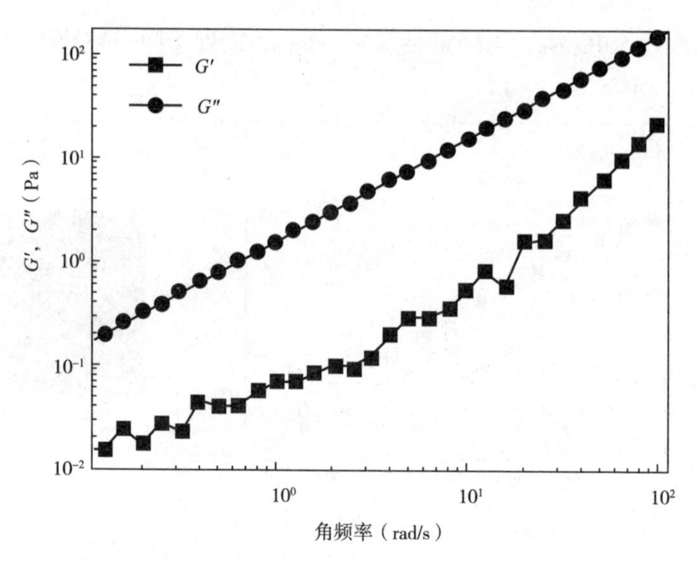

图 2-4　淀粉纳米类流体的模量—角频率曲线

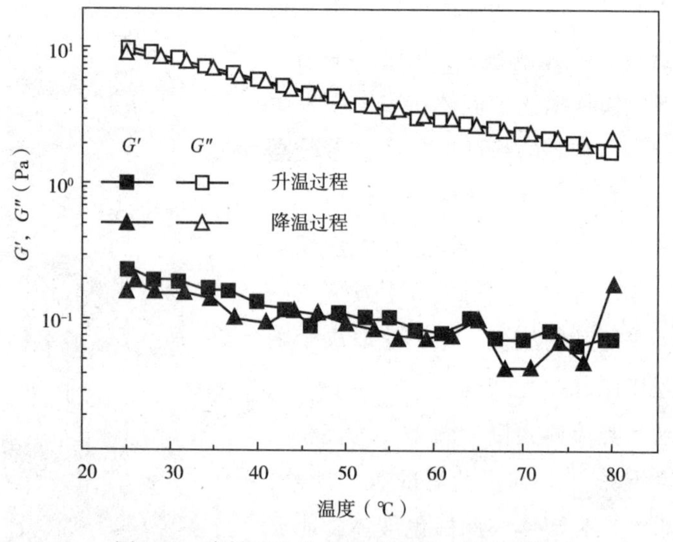

图 2-5　淀粉纳米类流体的模量—温度曲线

试温度区间内淀粉纳米类流体也呈现出稳定的 $G''>G'$ 的类液体响应，且在加热过程中，G''和 G'都随着温度的升高而明显降低，但这种影响是可逆的，冷却后淀粉纳米类流体又恢复到其初始的流动特性。这种流变现象可以归因于接枝的聚氧乙烯醚叔胺 M1820 作为羧甲基淀粉核的润滑剂或悬浮介质能够赋予淀粉纳米类流体稳定的流动性，并且淀粉纳米类流体在物理振动和温度变化的情况下始终表现出高稳定性，M1820 和羧甲基淀粉没有出现相分离的情况。

2.2　纳米粒子的分散与聚集

纳米粒子的分散和聚集行为对纳米类流体的性质和应用具有重要影响。纳米粒子的聚集会导致纳米类流体的黏度增加。聚集体形成的三维网络结构阻碍了纳米类流体分子的运动，增加了黏度。这会影响纳米类流体的流动性和加工性能。此外，聚集的纳米粒子团簇较大且较重，导致它们在制备过程中更容易沉降。这可能导致纳米类流体中的粒子沉积或沉淀，从而降低均匀性和稳定性。同时，对于纳米类流体的物理性质而言，聚集的纳米粒子会散射和吸收光线，导致纳米类流体的透明性下降，这对于需要高透明性的应用，如光学涂层或透明导电材料是不利的；纳米粒子的聚集会形成热阻，降低纳米类流体的导热系数，这可能影响纳米类流体在热传导应用中的效率和性能。在纳米类流体的结构中，通过调节组成有机外层的柔性链段的链长和分子类型就能够有效地改变纳米类流体体系的流变性能（类固态和类液态相互转变），改性后传统纳米粒子呈现单分散的核—壳结构，从而彻底解决纳米粒子在无溶剂条件下的团聚问题，并且核结构中纳米粒子所固有的物理、化学性能也得以保留。

纳米粒子的聚集程度可用分散度来表述。良好的分散度意味着纳米粒子均匀分散并避免聚集形成团块或沉积物。评价纳米粒子分散度的方法包括：

（1）可视观察法。使用显微镜等工具直接观察纳米粒子的分散状态。

（2）激光粒度分析法。通过测量散射光的强度和角度来确定粒子的尺寸分布，从而评估分散度。

（3）沉降法。通过测量纳米粒子在流体中的沉降速率或离心沉降实验来评估分散度。

纳米粒子的大小、形状、表面性质和表面电荷等特征均影响其分散性。表面电荷的存在可以产生静电斥力，有助于纳米粒子分散。此外，纳米粒子之间的相互作用力对其分散和聚集行为具有重要影响，包括范德瓦耳斯力、静电斥力、磁相互作用等。在纳米类流体中，纳米粒子被有机壳层包裹，其中颈层分子（通常是硅烷类的改性剂）把纳米粒子核包裹起来，冠层分子（有机长链离子）通过静电作用或者化学键与颈层分子相连。不同的有机双分子层对被包裹的纳米粒子的影响不同，改变有机双分子层的成分可以有效控制纳米粒子的分散与聚集。

以淀粉纳米类流体为例，通过扫描电子显微镜（SEM）和透射电子显微镜

(TEM) 观察改性前后可溶性淀粉和淀粉纳米类流体的表面形貌变化。图 2-6 (a) 为可溶性淀粉的 SEM 图，可以看出，可溶性淀粉呈椭圆形且表面光滑，图 2-6 (b) 为淀粉纳米类流体的 TEM 图，相比可溶性淀粉，淀粉纳米类流体分散性大幅度提高且淀粉纳米粒子大小也有所下降，说明接枝的 M1820 能够起到提高淀粉粉末分散性的作用，M1820 能够降低羧甲基淀粉的表面相互作用，从而减少淀粉粉末的团聚效应。

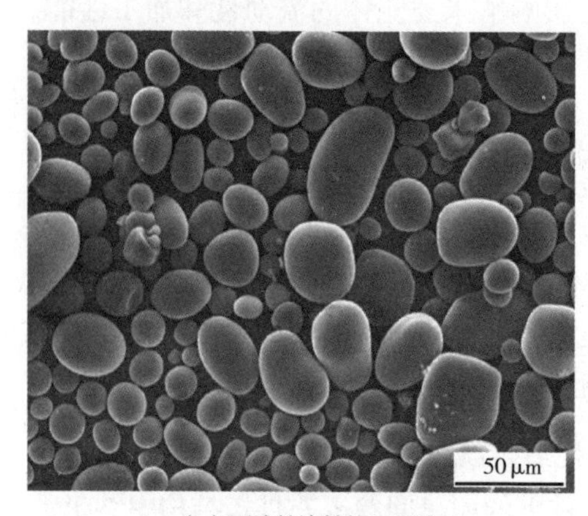

(a) 可溶性淀粉的SEM图

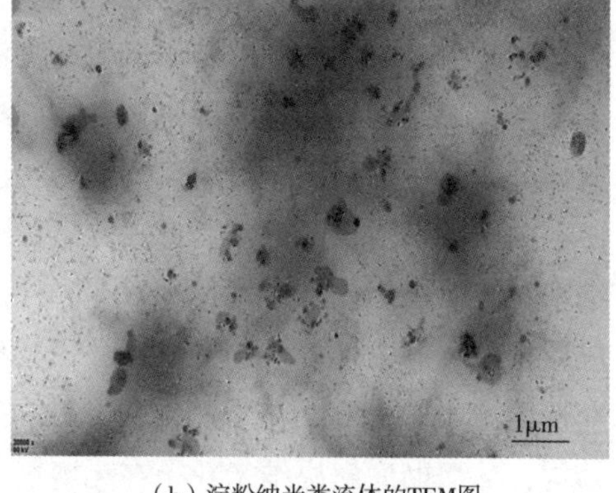

(b) 淀粉纳米类流体的TEM图

图 2-6　可溶性淀粉和淀粉纳米类流体的电镜图

2.3　有机分子链对纳米类流体流动性质的影响

在无溶剂纳米类流体中，柔性有机分子链发挥着多重关键作用。它们与纳米粒子和有机组分相互作用，调控体系的玻璃化转变温度。当温度降低时，由于纳米粒子的存在，体系的局部运动逐渐减慢，表现出类似玻璃的固态特性。柔性有机分子链的特殊化学结构可以影响有机组分和纳米粒子之间的排列和运动，从而调整玻璃化转变温度。此外，柔性有机分子链对抑制有机组分的结晶也起到关键作用。纳米类流体中的有机组分在低温下可能发生结晶，特别是当有机组分浓度较高时。这种结晶会使有机相排列致密，导致纳米类流体的流动性下降。然而，柔性有机分子链通过与有机组分相互作用，干扰有机分子的结晶排列，阻止了长程有序的结晶形成，从而使有机相排列相对疏松，有利于维持纳米类流体的流动性。柔性有机分子链在无溶剂纳米类流体中充当了分散剂的角色，降低了体系的黏度。在纳米类流体中，纳米粒子之间的相互作用会增加体系的黏度，影响其流动性。然而，柔性有机分子链通过形成静电斥力和分散力，阻止了纳米粒子之间的相互作用，降低了体系的黏度，从而促进了纳米类流体的流动。另一方面，较长的有机分子链会在纳米类流体中引入分子间的障碍，减缓分子的相互滑动，从而增加纳米类流体的黏度，而过短的有机分子链可能导致纳米类流体的高黏度。本书第 3 章 3.4.1 节将会详细讨论有机分子链的长度、种类和密度对纳米类流体性能的影响。

2.4　纳米粒子功能化调控

按照需求的不同，改变核心的纳米粒子，以及接枝的有机层的分子种类或分子链长度等可以得到具有不同流变性能的功能化无溶剂纳米类流体，理论上通过任意组合纳米粒子核的种类和有机分子层的类型，可得到不同功能的无溶剂纳米类流体。

2.4.1　纳米粒子的性质和表面修饰

纳米粒子是纳米类流体的关键组成部分，其性质和表面修饰直接影响纳米类流体的性能和功能。不同类型的纳米粒子具有不同的特性，如金属纳米粒子、氧化物纳米粒子、碳纳米管等。

纳米粒子的尺寸和形状对其光学性能、磁性、导电性、热学性能等性质具有重要影响。通过调控纳米粒子的尺寸和形状，可以实现不同功能。例如，金属纳米颗粒的表面等离子共振频率与粒子尺寸相关，因此通过控制粒子尺寸大小可以调节其吸收光谱和散射光谱。纳米棒状颗粒相比纳米球形颗粒在表面增强拉曼光谱等方面表现更优越。选择适合特定应用的纳米粒子类型是实现功能化调控的关键。此外，通过在纳米粒子表面引入不同的功能性基团，如氨基、羧基、巯基等，可以调节纳米粒子之间的相互作用和分散性。这样的表面修饰还可以提供化学反应位点，使纳米粒子能够与其他物质发生特定的反应，从而拓展纳米类流体的应用范围。常见的纳米颗粒类型有以下几种。

（1）纳米棒状颗粒。纳米棒状颗粒的应用十分广泛，它们的尺寸可以调节，从细长到更短的纳米棒，甚至可以制备具有不同纵横比例的纳米棒。这些纳米棒在流体中的分散性和流变性质与纳米球形颗粒有所不同。由于其长宽比的存在，纳米棒状颗粒在流体中可能更难以定向排列，从而导致较高的黏度。这使纳米棒状颗粒更适用于需要高黏度和流变性能的场景，如润滑剂、涂层等。TiO_2 纳米类流体的 TEM 图如图 2-7 所示。

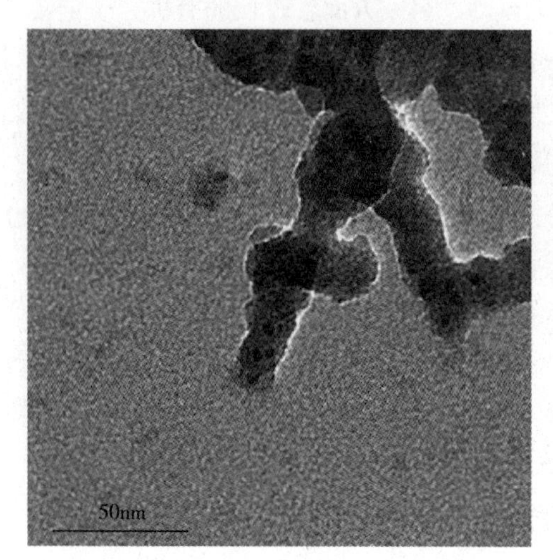

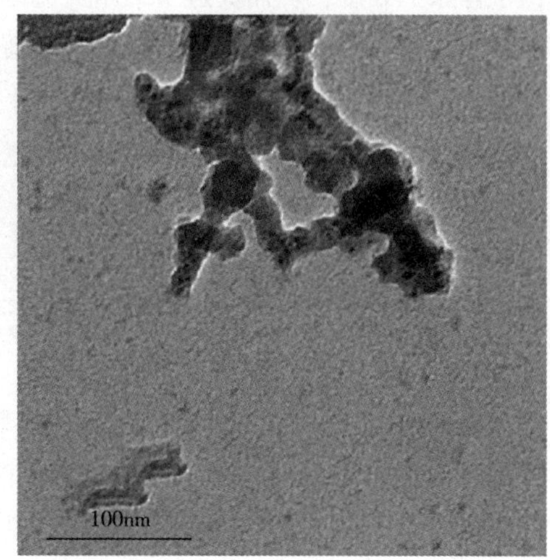

图 2-7　TiO_2纳米类流体的 TEM 图

（2）纳米片状颗粒。纳米片状颗粒是具有二维结构的纳米材料，如二维过渡金属硫化物（TMDs）等。这些纳米片状颗粒通常具有高比表面积和优异的光学性能，可用于制备高性能的光学涂层、传感器等。通过控制纳米片状颗粒的尺寸和堆叠方式，可以调节纳米类流体的透明度、折射率等光学性能。MXene/MOF 复合类流体的 TEM 图如图 2-8 所示。

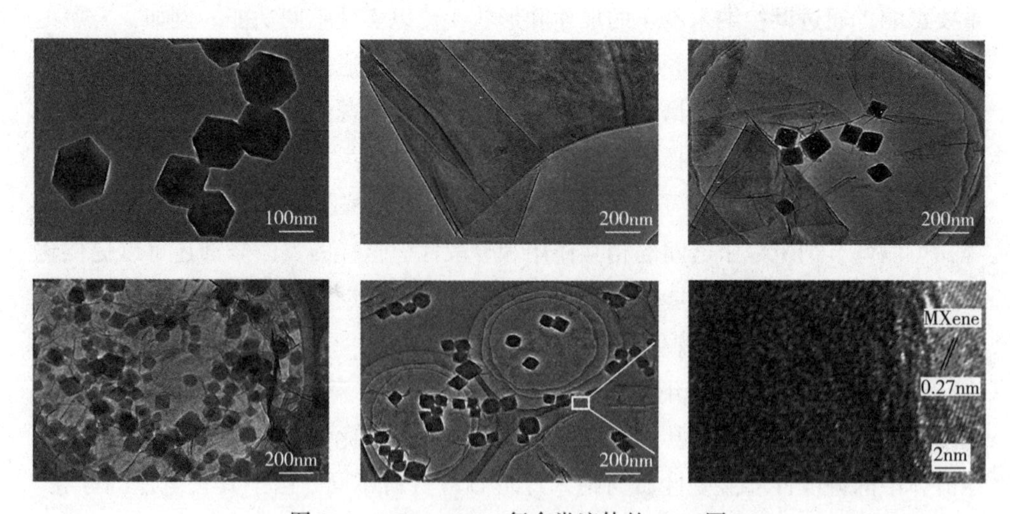

图 2-8　MXene/MOF 复合类流体的 TEM 图

（3）纳米孔径颗粒。具有孔隙结构的纳米粒子，如介孔二氧化硅（MSNs）等，可以用于纳米类流体中的分子吸附和储存。这些孔隙可以用来固定分子、催化剂或药物，实现纳米类流体的储能和催化功能。

（4）核—壳结构颗粒。核—壳结构的纳米粒子由一个核心和一个外壳组成，可以通过调控核和壳的材料、厚度等参数，实现不同的功能。例如，金属核心和二氧化硅外壳的结构可以用于制备具有调控释放功能的纳米类流体，用于药物传递或缓释。

2.4.2　有机分子链的调控

纳米粒子的尺寸和形状是实现纳米类流体功能化调控的重要因素，有机分子链的调控同样起着关键作用。有机分子链可以影响纳米粒子的分散性、相互作用、稳定性等，从而影响纳米类流体的性质和应用。根据需要，可以选择不同种类的有机分子链，如长链烷基、聚合物链段、离子液体分子等。有机分子链可以通过下列方式对纳米类流体的性质和功能进行调控。

（1）分散性的调控。纳米粒子的分散性直接影响纳米类流体的稳定性和均匀性。有机分子链在纳米粒子表面形成的外壳结构可以阻止纳米粒子的聚集和沉淀，从而提高纳米类流体的分散性。通过调控有机分子链的长度、极性、官能团等特性，可以影响这层保护层的稳定性和亲疏水性，进而调控纳米粒子的分散性。

（2）相互作用的调控。有机分子链的存在可以调节纳米粒子之间的相互作用，如范德瓦耳斯力、静电斥力等。这些相互作用可以影响纳米类流体的流变性质、稳定性和聚集倾向。例如，具有亲水性的有机分子链可以通过静电斥力抑制纳米粒子之间的聚集，从而提高纳米类流体的分散性和稳定性。

（3）界面特性的调控。有机分子链在纳米类流体中形成的界面层可以影响纳米类流体与其他材料的相互作用。这在界面润湿性、附着性等方面具有重要意义。通过调节有机分子链的化学结构和极性，可以调控纳米类流体在涂覆、润湿、黏附等方面的性能。

（4）化学反应和功能化的调控。有机分子链的特定官能团可以用于引发化学反应，或与其他物质发生特定的相互作用。这可以用于制备功能化纳米类流体，例如药物载体、化学传感器等。

2.4.3 特定功能纳米类流体的设计

特定功能的纳米类流体是通过设计纳米粒子和有机分子链，以实现特定应用需求的纳米类流体系统。

特定功能的纳米类流体可以作为药物载体，将药物分子包裹在纳米粒子表面的有机分子链中，用于药物传递和靶向治疗。这种药物纳米类流体可以在体内运输药物，同时通过调控有机分子链的表面特性，实现对特定病变组织的靶向治疗。有机分子链的调控可以影响纳米粒子的溶解速率、药物释放速率等，从而控制药物的传递和释放效果。

在光学领域，通过调节纳米粒子的表面等离子共振频率，可以创造具有特定吸收和散射特性的纳米类流体，适用于光学传感、光学涂层等。在热传导领域，纳米类流体利用纳米粒子在类流体中的分散和排列，达到卓越的热传导性能，用于热管理、导热膏等。在催化领域，通过有机分子链修饰纳米粒子表面，实现高效催化反应，有机分子链的调控影响催化活性、选择性和稳定性，从而优化催化剂性能。在电子器件领域，通过有机分子链的导电性调控，制备具备特定电子功能的纳米材料。在环境净化领域，纳米类流体可用于水处理和污染控制，通过纳米粒子的吸附作用，结合有机分子链的表面特性，实现高效去除有害物质。在生物传感和检测领域，特定功能的纳米类流体结合生物分子识别元件，通过有机分子链的调控，实现对生物分子的高灵敏性检测和选择性识别。纳米类流体为各个领域提供了多种定制化解决方案，拓展了纳米技术在医学、环保、电子等领域的应用前景。TiO_2 纳米类流体在杀菌领域的应用如图 2-9 所示。

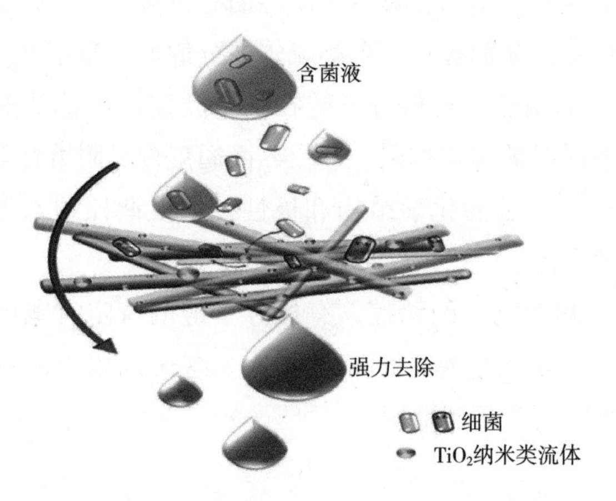

图 2-9　TiO_2 纳米类流体在杀菌领域的应用

2.5　本章小结

本章深入研究了纳米类流体的流动机理和功能化调控，涵盖了多个关键方面。首先，深入探讨了纳米粒子的分散与聚集行为对纳米类流体性质和应用的影响。纳米粒子的聚集会增加纳米类流体的黏度，降低透明度，并影响导热系数，从而影响了纳米类流体的流动性、加工性能以及光学和热传导应用。良好的分散度是确保纳米类流体稳定性和其他性能的关键，而通过调节纳米颗粒的大小、形状、表面性质以及有机分子链的作用，可以有效地控制纳米类流体的分散度。

接着，深入讨论了有机分子链在纳米类流体中的作用。这些柔性有机分子链在无溶剂纳米类流体中发挥着多重关键作用。它们调控着纳米类流体的玻璃化转变温度，抑制有机组分的结晶，并通过静电斥力和分散力影响纳米粒子之间的相互作用，降低纳米类流体的黏度，从而影响纳米类流体的流变性质和稳定性。有机分子链的长度、种类和密度对纳米类流体性能的影响，为优化纳米类流体的流变性能提供了重要指导。

在进一步的探讨中，着重关注了纳米类流体的功能化调控。纳米粒子的性质和表面修饰对纳米类流体功能的影响，通过选择不同类型的纳米粒子并调控其尺寸、形状以及表面化学修饰，实现了导电性、光学性能、磁性等多种功能。另外，有机分子链的调控同样至关重要，通过调控有机分子链的长度、极性、官能团等，进而影响纳米粒子的分散性、相互作用和稳定性。

最后，详细探讨了如何设计具有特定功能的纳米类流体。通过选择纳米粒子和有机分子链的组合，可以定制化设计纳米类流体，以满足特定应用需求。无论是药物传递、光学、热传导、催化、电子器件、环境净化还是生物传感和检测等领域，通过精确调控纳米粒子和有机分子链的特性，可以创造出满足不同领域需求的特定功能的纳米类流体系统。

第3章

无机纳米类流体

无机纳米类流体是指以无机纳米材料为核、柔性长链为壳层结构的功能化杂化材料。作为当今具有重要应用潜力的材料，无机纳米类流体的合成、表面改性、分类、稳定性和流变性质是当前研究的热点。本章综合论述了无机纳米类流体的制备方法，包括离子交换法、酸碱中和法、氢键自组装法和共价键法等。同时，介绍了基于单组分核和基于多组分核的无机纳米类流体的分类、结构与性能。

3.1 无机纳米类流体的制备方法

3.1.1 离子交换法

离子交换法利用带有有机长链的离子型硅烷偶联剂的硅氧烷基团，通过去掉水分子与纳米粒子表面的羟基结合，形成稳定的共价键。随后，依靠离子交换的原理，将含有离子型聚氧乙烯醚柔性长链的结构牢固地吸附到已经被改性的纳米粒子表面，从而实现了纳米粒子的有机修饰。大多数无机物纳米粒子都能通过本方法制备得到无溶剂纳米类流体，目前采用这种方法已制备出的纳米类流体有二氧化硅（SiO_2）、氧化铁（Fe_2O_3）、氧化锌（ZnO）等，对于那些表面羟基含量低的纳米粒子，通常需要对其表面进行处理以产生足够多的能引发后续反应的羟基。离子交换法制备无机纳米类流体所需反应条件温和，反应过程中无有毒物质的参与和生成。采用这类方法得到的无溶剂纳米类流体被称为第一代类流体，离子交换法制备无溶剂纳米类流体的流程如图 3-1 所示。

3.1.2 酸碱中和法

酸碱中和法首先在纳米粒子表面的羟基上化学接枝酸性硅烷偶联剂［如 3-

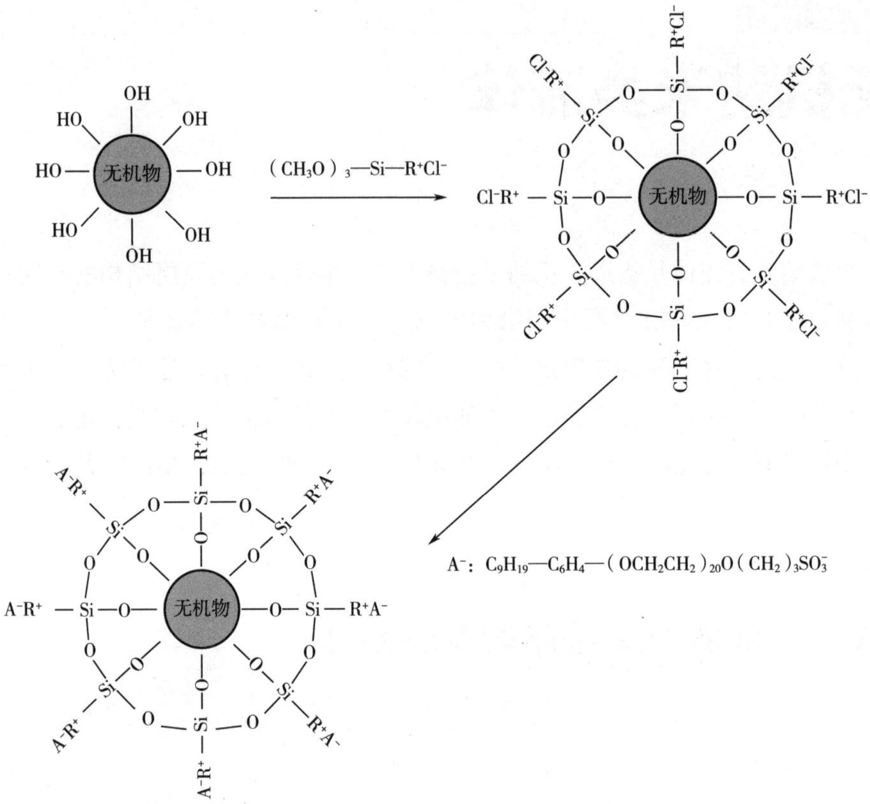
无机物
HO
OH
(CH₃O)₃—Si—R⁺Cl⁻
Cl⁻R⁺
R⁺Cl⁻
A⁻R⁺
R⁺A⁻
A⁻: C₉H₁₉—C₆H₄—(OCH₂CH₂)₂₀O(CH₂)₃SO₃⁻

图 3-1　离子交换法制备无溶剂纳米类流体流程图

(三羟基硅基) -1-丙烷磺酸，SIT]，然后利用碱性的聚氧乙烯醚类胺进行酸碱中和反应得到无溶剂纳米类流体。酸碱中和法反应速率快，转换率高，产物生成率和纯度都较高。这种方法目前制备出笼型聚倍半硅氧烷类流体、多壁碳纳米管类流体等。采用这类方法得到的无溶剂纳米类流体被称作第二代类流体，酸碱中和法制备无溶剂纳米类流体的流程如图 3-2 所示。

3.1.3　氢键自组装法

氢键自组装法主要应用于表面含有较多羟基的纳米粒子，一般是将双端基羟基嵌段共聚物与纳米粒子混合，在纳米粒子表面形成稳定的氢键，从而制备得到无溶剂纳米类流体。这种方法后处理较为简单，实用性较强。目前成功制备的有 Au 类流体，这种纳米类流体可以在较低温度下实现可逆的固液相转变。

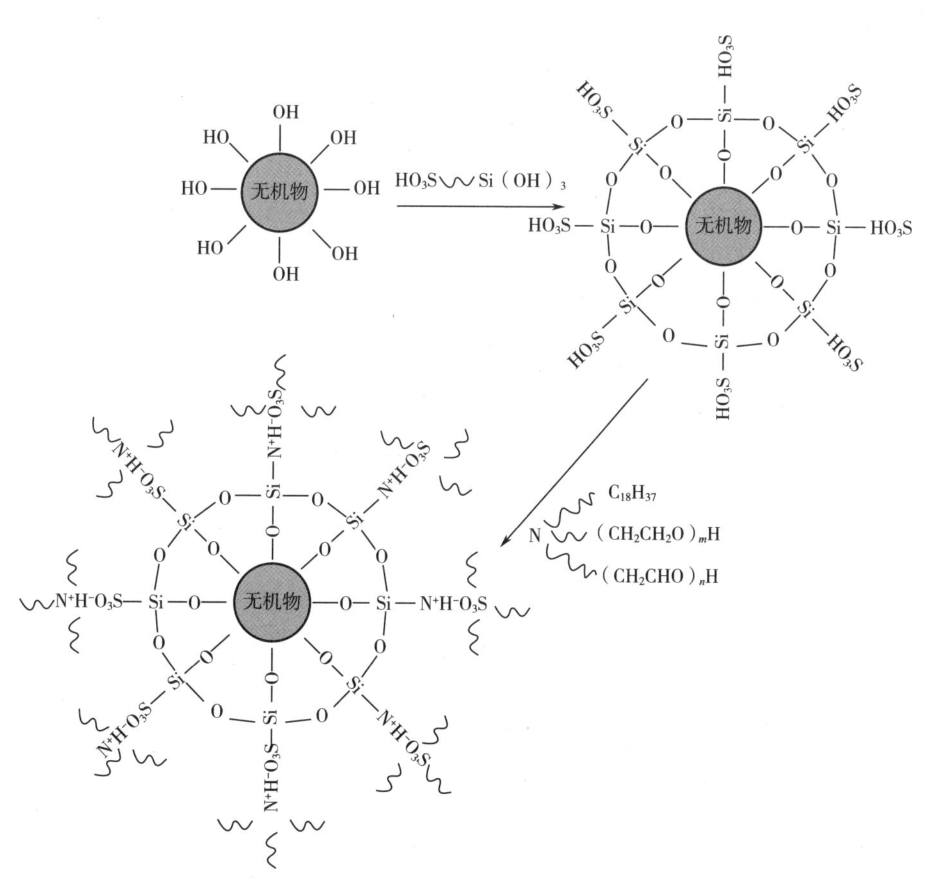

图 3-2　酸碱中和法制备无溶剂纳米类流体流程图

3.1.4　共价键法

共价键法是冠层分子既可以直接与纳米粒子表面的羟基或羧基发生反应，也可以与颈层分子发生反应，后者可以接枝到纳米粒子上。由于共价键在水介质中更稳定，因此共价键无溶剂纳米类流体比离子溶剂纳米类流体更有优势。

3.2　无机纳米类流体的分类

根据无机纳米类流体的核层组分，将无溶剂纳米类流体分为两类：基于单组分核和基于多组分核的无溶剂纳米类流体。每一类都可以根据不同种类的核层化学成分进一步分类。

3.2.1 基于单组分核的无机纳米类流体

单组分核纳米颗粒，如 SiO_2、二氧化钛（TiO_2）和四氧化三铁（Fe_3O_4），最初被用于合成无溶剂的纳米类流体。核心纳米颗粒被一层或两层不同的有机分子链包裹。核心纳米颗粒可以连接到颈层的一端，颈层的另一端与冠层结合，或者直接将冠层接枝到核心纳米颗粒的表面。

3.2.1.1 金属、金属氧化物和金属硫化物纳米类流体

大多数金属的熔点都很高，加热到1000℃以上才具有流动性。金属纳米类流体的出现，使得高熔点金属能够在接近室温的条件下具有类似于液体的流动性，极大地扩展了金属的应用领域。沃伦（Warren）等详细地介绍了如何将金属纳米粒子（如纳米金、纳米铂、纳米钯等）通过离子交换法制备纳米类流体：首先用1,3-二溴代丙烷与*N*-甲基-*N*,*N*-二辛基叔胺反应得到相应的季铵盐1，然后与硫氢化钠反应得到含有巯基的季铵盐2，接着与金属纳米粒子反应得到季铵盐3，最后与NPES进行离子交换得到最终产物。无溶剂金属纳米类流体的成功制备，颠覆了传统金属需在很高温度下才可流动的观念，使金属在接近室温的条件下具备流动性能，这一研究成果很大程度上拓宽了金属的加工与应用。在此基础上，郑亚萍等报道了一种简单的制备无溶剂金纳米类流体的方法。通过化学吸附将带负电的巯基十一酸(11-MUA)[$HS—(CH_2)_{10}—COOH$]接枝到金纳米颗粒表面。在第二步中，聚乙二醇取代的叔胺{$[(C_{18}H_{37})N(CH_2CH_2O)_nH(CH_2CH_2O)_mH], m+n=25$}通过表面羧基和氨基之间的静电自组装相互作用，在修饰的金表面自组装形成冠层，得到的金纳米类流体在室温下可自由流动。

詹内利（Giannelis）等在锐钛矿型纳米 TiO_2 表面接枝季铵化的硅烷偶联剂，然后与聚氧乙烯功能化的有机长链进行离子交换，制备的无溶剂 TiO_2 纳米类流体就属于零维无溶剂纳米类流体。布尔利诺斯（Bourlinos）等将有机硅烷[$(CH_3O)_3Si(CH_2)_3N^+(CH_3)(C_{10}H_{21})_2Cl^-$]接枝在 TiO_2 纳米颗粒表面，以聚乙二醇（PEG）功能化磺酸阴离子 $C_9H_{19}—C_6H_4—O(CH_2CH_2O_{20})SO_3^-$作为冠层，合成了无溶剂 TiO_2 纳米类流体。许等用配体交换法制备了 TiO_2 纳米类流体材料。TiO_2 纳米颗粒与Tiron（桥接配体）配位，然后通过离子交换法与壬基苯基聚（乙二醇）季铵盐（NPEQ）连接。修饰后的 TiO_2 纳米颗粒的尺寸和晶体结构保持不变。所得到的 TiO_2 纳米类流体具有独特的两亲性、优异的热稳定性和分散性。

张（Zhang）等采用溶胶—凝胶法制备了含有大量羟基的锐钛矿 TiO_2 纳米颗粒，并通过简单的两步法制备了无溶剂的自悬浮毛状 TiO_2 纳米类流体。首先将功能化离子液体与带羟基的 TiO_2 纳米颗粒反应，将功能化的离子液体作为颈层来改善 TiO_2 纳米颗粒的分散性。然后引入脂肪醇聚氧乙醚磺酸盐 $C_9H_{19}—C_6H_4—(OCH_2CH_2)_{20}(CH_2)_3SO_3^-K^+$（FAPES），利用离子交换反应获得无溶剂的自悬浮毛状 TiO_2 纳米类流体。

詹内利（Giannelis）等报道了具有光致发光特性的 ZnO 纳米类流体。ZnO 纳米类流体很好地融合了无机纳米粒子的物理特性以及纳米类流体的性能。此外，基于光致发光特性，它在流体/柔软激光源、柔软显示器和高亮度白光源等领域具有潜在应用。刘大鹏等报道了一种基于 ZnO 的纳米类流体，合成方法如下：首先用 NaOH 处理 $ZnCl_2$ 得到 $Zn(OH)_2$，然后与溴代乙酸反应得到溴酸乙酸锌，接着与 *N*,*N*-二甲基十八烷基胺反应制得相应的季铵盐，随后用硫酸奎宁与其进行阴离子交换得到锌离子液体，最后与 LiOH 反应得到 ZnO 离子液体，即 ZnO 纳米类流体，其具有良好的光致发光特性和流动性，可以作为新型发光材料进行推广应用。

布尔利诺斯（Bourlinos）等采用离子交换法制备了 Fe_2O_3 纳米类流体，首先用有机硅烷$[(CH_3O)_3Si(CH_2)_3N^+(CH_3)(C_{10}H_{21})_2Cl^-]$对 Fe_2O_3 纳米粒子进行改性，然后将氯离子与磺酸盐阴离子 $R(OCH_2CH_2)_7O(CH_2)SO_3^-(R=C_{13\sim15})$交换，得到黏性的 Fe_2O_3 纳米类流体。

林（Lin）等开发了一种共价键基的 Fe_2O_3 纳米类流体（图 3-3），合成过程包括两个步骤：第一步，冠状物 3-甘油氧基丙基-三甲氧基硅烷（KH560）和冠层聚醚胺（M2070）相互反应，产生柔性有机链；第二步，将得到的有机链接枝到 Fe_2O_3 表面，获得黑色黏性 Fe_2O_3 纳米类流体。

李（Li）等对 Fe_3O_4 纳米粒子材料进行了深入研究。与传统的复杂表面修饰的核心制造方法相比，Fe_3O_4 纳米粒子利用简单的一步共沉淀技术制备。用 3,4-二羟基苯丙酸（DHPA）改性 Fe_3O_4 纳米颗粒，产率更高且更环保。值得注意的是，一方面，DHPA 能够分别通过邻苯二酚—金属配位和离子相互作用将纳米颗粒的核心与其有机冠层连接起来。随后，通过羧基和胺之间的缩合反应，将 PEG 取代的叔胺（PEG-TA）附着在 DHPA 功能化的 Fe_3O_4 纳米颗粒上，产生新的纳米级离子材料 NIMs，称为酸碱中和反应诱导磁流体（AMFs）。另一方面，以 DHPA 功能化的 Fe_3O_4 纳米颗粒为核心，以 NPEQ 为冠层，可以产生离子交换反应诱导磁流体（IMFs）。

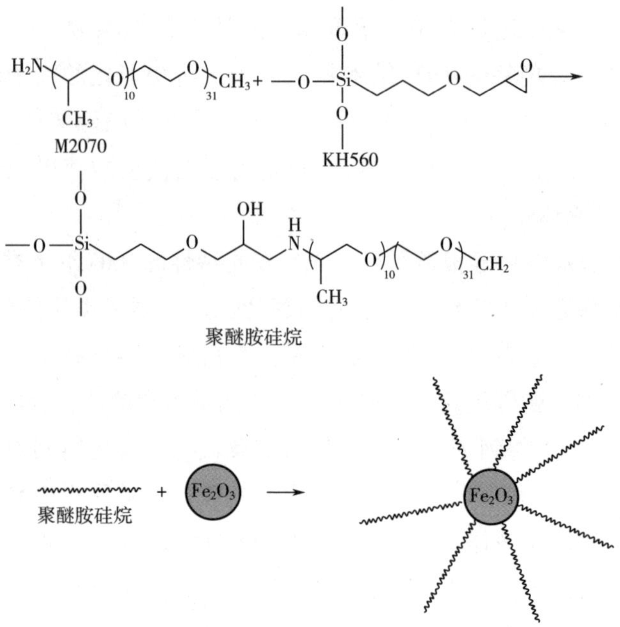

图 3-3　无溶剂 Fe_2O_3 共价纳米类流体的制备

此外，由顾（Gu）等合成了一种无溶剂的离子型二硫化钼（MoS_2）纳米类流体。首先将 SIT 作为冠层接枝到 MoS_2 片表面，然后通过离子交换柱对修饰的 MoS_2 纳米颗粒进行处理，以确保钠离子被完全取代。最后，将修饰的 MoS_2 与冠层的用 PEG 取代的叔胺［（$C_{18}H_{37}$）N（CH_2CH_2O）$_m$H］［（CH_2—CH_2O）$_n$H，M_w=930g/mol］进行联结。马尼利亚（Maniglia）等采用离子交换法，以氧化铈（CeO_2）为纳米核心，表面用离子液盐和丙烯酸酯基团修饰，在氯离子交换聚氧乙烯磺酸阴离子后，生成核—壳结构的无溶剂纳米类流体。

殷先泽等以 TiO_2 纳米粒子为核、DC5700 和 NPES 为冠层，采用简单的离子交换法制备了 TiO_2 无溶剂纳米类流体。通过离子交换法将季铵盐 DC5700 柔性长链接枝到 TiO_2 纳米粒子表面的羟基上，与 NPES 进行离子交换，从而制备 TiO_2 纳米类流体（图 3-4）。

3.2.1.2　多金属氧酸盐纳米类流体

多金属氧酸盐（POMs）通常由三个或更多的过渡金属氧阴离子组成，由氧原子连接形成三维框架。然而，其质子电导率对湿度和温度高度敏感，限制了其在燃料电池中的应用。布尔利诺斯等合成了零蒸气压、良好热稳定性的无溶剂

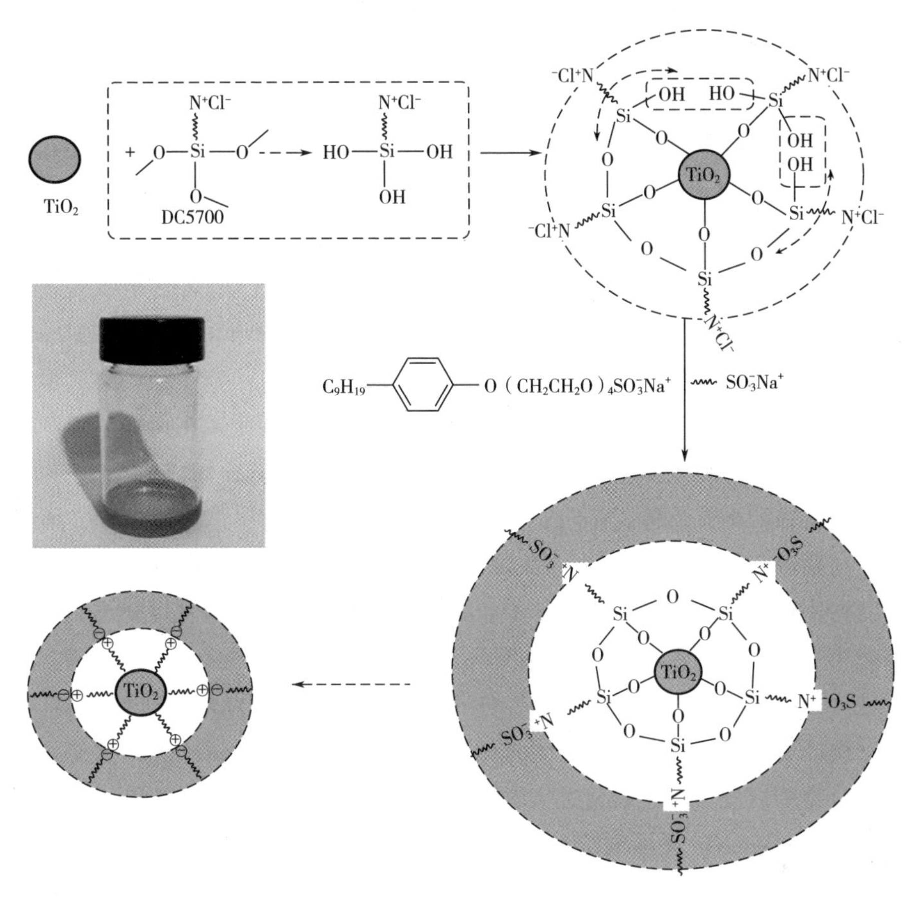

图 3-4　无溶剂 TiO_2 纳米类流体的制备

POMs 纳米类流体。首先选用季铵盐 $\{(CH_3)(C_{18}H_{37})N^+[(CH_2—CH_2O)_nH][(CH_2CH_2O)_mH]Cl^-, m+n=15\}$ 的 PEG 作为冠层，对 POMs 进行表面处理。然后通过对 POMs 表面质子的交换，将含有季铵盐阳离子的 PEG 附着在 POMs 上作为冠层。得到的 POMs 纳米类流体在环境条件下的黏度为 75Pa · s，在 120℃时黏度下降到 0.5Pa · s。POMs 纳米类流体在 140℃时，电导率为 $6×10^{-4}$S/cm，比 POMs 高了 4 个数量级。在无溶剂条件下的类液体性质和质子传输性质使纳米类流体成为燃料电池或催化应用的候选材料。

3.2.1.3　无机碳材料纳米类流体

碳纳米管和石墨烯等纳米碳材料因其特殊的力学性能、高导电性和独特的结构等引起了人们的极大关注。一些研究人员以纳米碳材料为核心，合成了纳米类流体，以优化这些材料的应用。

富勒烯是碳的同素异形体，其分子由通过单键和双键连接的碳原子组成，从而形成封闭或部分封闭、有五到七元稠环的网状结构。分子可以是空心球、椭球体、管或许多其他形状和尺寸。这种碳材料的形状性质可以通过分子间相互作用的微调来增强。刚（Tsuyoshi）等偶然发现一个被2,4,6-三（烷基羟基）苯基取代的富勒烯吡咯烷在室温下表现出流体相，他们合成了四种不同链长的2,4,6-三（烷基羟基）苯甲醛（n=8、12、16、20）为冠层，N-甲基甘氨酸为颈层的富勒烯纳米类流体。合成步骤如下：第一步，利用四种不同的烷基溴与2,4,6-三羟基苯甲醛反应，合成了一系列2,4,6-三（烷基羟基）苯甲醛；第二步，将2,4,6-三（烷基羟基）苯甲醛、C_{60}和N-甲基甘氨酸在干甲苯中回流。粗产物纯化后，富勒烯纳米类流体（n=8）在室温下为深棕色固体，熔点为147～148℃；另一种富勒烯纳米类流体（n=12、16、20）在室温下为深棕色液体。并研究了25℃下富勒烯2～4的流变行为，在测量的频率范围内，损失模量G''都高于G'。对黏度的比较可以清楚地表明，分子和团簇之间的摩擦系数随着烷基链长度的增加而减小。

雷（Lei）等合成了基于多壁碳纳米管（MWCNTs）的无溶剂纳米类流体，它在室温环境条件下具有类似液体的行为（$G''>G'$）。兰（Lan）等受功能化离子有机化合物的启发，通过聚（乙二醇）-4-壬基苯基3-磺基丙基醚和钾盐表面接枝制备了MWCNTs无溶剂纳米类流体。在合成过程中包括三个步骤：第一步，制备了具有良好分散性、更短、开口的MWCNTs，并使用浓酸酸化，使其表面引入极性羧基、羟基、羰基等亲水基团；第二步，通过硅醇基与MWCNTs表面的羟基或羧基反应，将聚硅氧烷接枝到MWCNTs表面；第三步，改性MWCNTs与磺酸盐之间发生离子交换，获得MWCNTs类流体。通过高分辨率透射电镜在MWCNTs类流体表面发现了一层约6.5nm的有机层。

张（Zhang）等制备了一种只有冠层的共价碳纳米管类流体（图3-5）。这种材料在室温下是蜡状固体，在45℃时熔化并表现为类液体。其合成过程总结为以下两个步骤：第一步，将羧酸化的碳纳米管超声分散在多元共聚物（PEO-b-PPO-b-PEO，M_n=14600，聚氯化乙烯PEO质量分数为82.5%）的水溶液中，然后通过离心除去沉淀物，形成均匀的黑色溶液；第二步，黑色溶液在70℃下干燥，残余材料用水漂洗并干燥。

张（Zhang）等还制备了一种带有超支链聚氨酯（HPAE）树冠的碳纳米管纳米类流体（图3-6）。碳纳米管质量分数约为16.8%，室温下为黑色黏性液体。

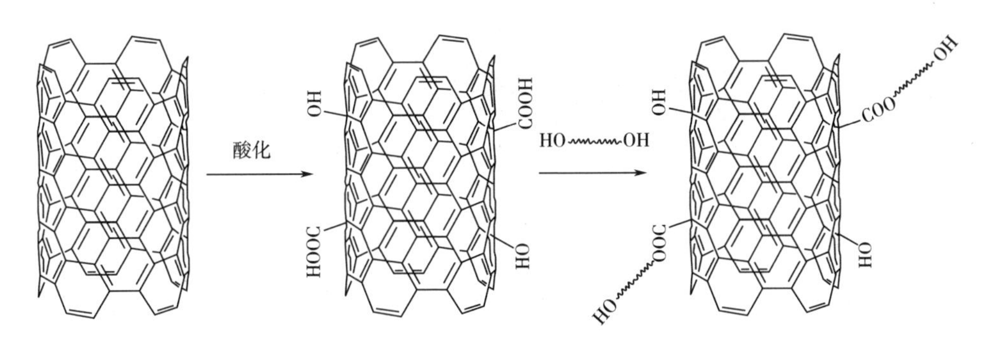

图 3-5　只有冠层的共价碳纳米管类流体的制备

制备方法包括两个步骤：第一步，将丙烯酸甲酯和二乙醇胺与*N*,*N*-二乙基-3-胺甲基丙酸以 1∶3 的摩尔比反应制备得到 HPAE；第二步，将酸化后的碳纳米管用 HPAE 处理 3h，然后将得到的混合物离心，干燥成黑色的黏性液体，即为碳纳米管纳米类流体。

为了扩大无溶剂纳米类流体的范围，唐（Tang）等制备了石墨烯纳米类流体。首先采用改性的 Hummers 法，将天然石墨制备成 GO。然后将水合肼和荧光增白剂（VBL）加入 GO 水分散液中，得到 VBL 改性石墨烯。最后将 M2070 水溶液（质量分数 10%）加入 VBL 改性石墨烯水溶液中。将反应物干燥几天，得到基于石墨烯的离子无溶剂纳米类流体。

李琦等在 GO 表面接枝 SIT，然后与 NaOH 反应得到石墨烯有机离子盐，经与壬基酚聚氧乙烯醚季铵盐进行离子交换，制备了石墨烯类流体，其在室温条件下就能流动。

刘琛阳等首先用氮烯化学法处理 GO 得到表面富含羟基的 GO，然后用 SIT 进行接枝反应，最后与 M2070 进行酸碱中和反应，制备了石墨烯基类流体，这种方法能够通过控制 GO 表面羟基含量来调控流体的黏弹性。

刘嘉祥等首先制备了具有高活性 C—F 键的氟化石墨烯（FG），并将树枝状聚醚酰亚胺（PEI）接枝在 FG 表面。然后利用 PEI 上的氨基进行进一步的扩链反应，引入具有一定分子量的聚丙烯酸（PAA）。具有三维结构和高功能化密度的 PEI 和 PAA 促进了石墨烯的室温流动性，最终得到了无溶剂的石墨烯纳米类流体。郑亚萍等采用共价键合的方法，首先将 γ-缩水甘油醚氧丙基三甲氧基硅烷（KH560）和 M2070 相互反应，生成柔性长链。然后将得到的有机长链接枝在碳纳米管表面，合成了碳纳米管纳米类流体。

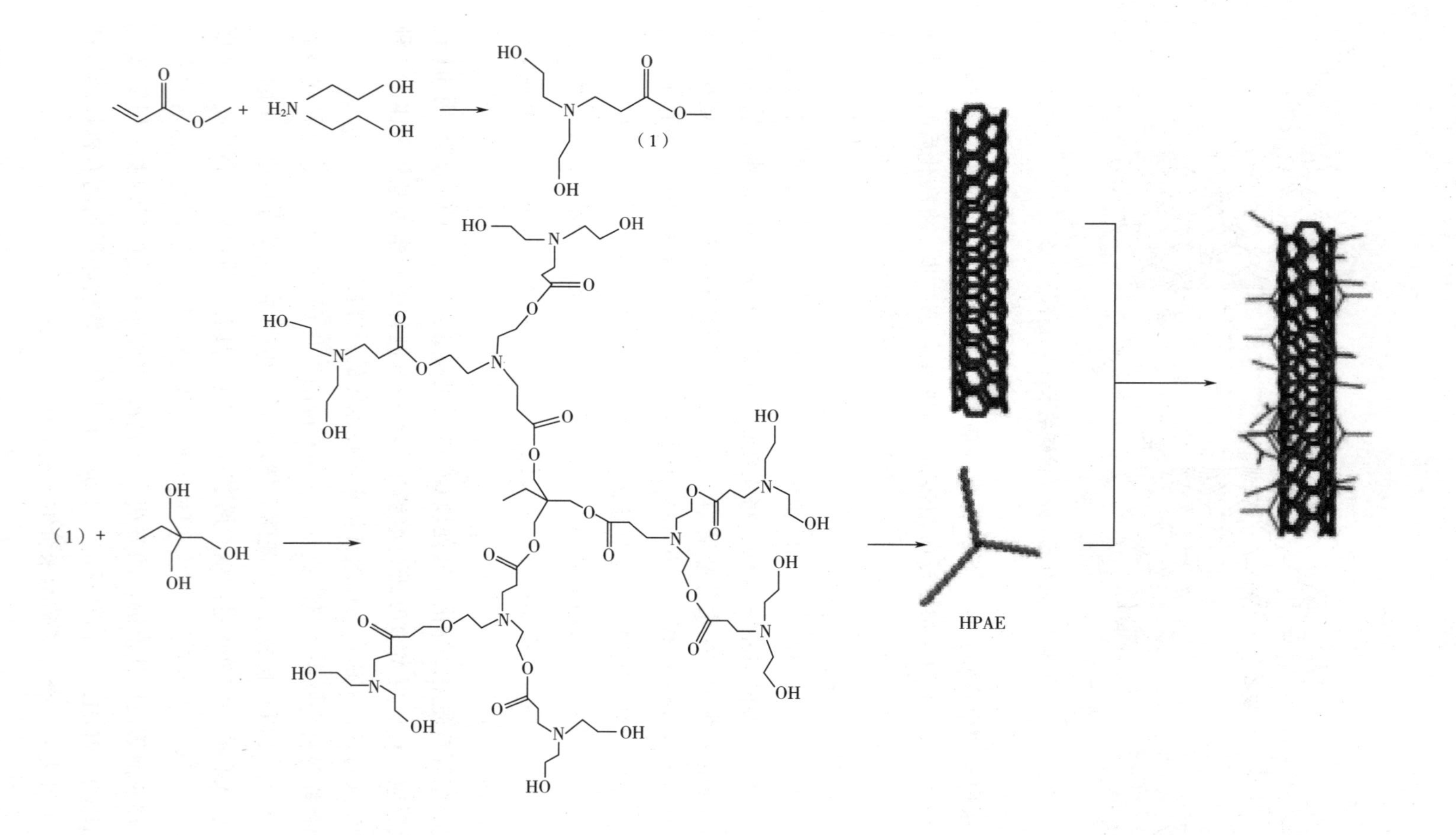

图 3-6 带有HPAE树冠的碳纳米管纳米类流体的制备

李（Li）等制备了一种基于离子键的炭黑（CB）纳米类流体。其有机含量相对较高，质量分数为81%，在室温下表现为类液体。制备过程包含三个步骤：CB的氧化、聚硅氧烷季铵盐接枝和PEG功能化磺酸盐的离子交换。第一步，CB纳米颗粒在H_2SO_4/HNO_3混合物中被氧化。第二步，将带电荷的聚硅氧烷季铵盐DC5700$[(CH_3O)_3Si(CH_2)_3N^+(CH_3)_2(C_{18}H_{37})Cl^-]$接枝到氧化的CB表面作为颈层。第三步，将冠层PEG功能化磺酸盐$C_9H_{19}C_6H_4O(CH_2CH_2O_{10})SO_3K^+$，通过离子交换反应与修饰的CB纳米颗粒连接，得到CB纳米类流体。

郑亚萍等采用共价键合的方法，将MXene与KH560和M2070接枝，合成了无溶剂共价MXene纳米类流体。合成过程包括两个步骤。第一步，KH560和M2070相互反应，生成柔性有机链；第二步，将得到的有机链接枝到MXene表面，获得黑色黏性纳米类流体。

殷先泽等采用离子交换法，首先将碳纳米管用浓酸酸化制备出羧基化的碳纳米管，然后将季铵盐柔性长链DC5700接枝到碳纳米管表面的羧基上，然后与NPES进行离子交换，制备室温可流动的碳纳米管纳米类流体。该团队还利用氢键自组装法，首先用浓酸酸化的炭黑（*c*-CB），利用粒子表面的羟基与两端带有羟基的嵌段共聚物PEO-b-PPO-b-PEO通过氢键相互作用，成功制备了CB纳米类流体。

3.2.1.4 二氧化硅和笼状聚倍半硅氧烷纳米类流体

布里诺赛特（Bourlinoset）等获得了一种功能化的二氧化硅纳米颗粒，它在没有任何溶剂的情况下表现出类流体的行为。二氧化硅纳米类流体的制备如图3-7所示。第一步，通过将$(CH_3O)_3Si(CH_2)_3N^+(CH_3)(C_{10}H_{21})_2Cl^-$与表面硅烷醇基团缩合修饰二氧化硅，得到纳米颗粒。第二步，氯离子与磺酸盐阴离子$R(OCH_2CH_2)_7O(CH_2)_2SO_3^-$（$R=C_{13}\sim C_{15}$烷基链）交换。在更换氯化物后，得到了一种光学透明的二氧化硅无溶剂纳米类流体。它具有较高的有机含量（质量分数75%）和类流体流变性能（$G''>G'$）。

林（Lin）等还获得了三种具有不同颈层、冠层和键合类型的二氧化硅无溶剂纳米类流体。第一种二氧化硅无溶剂纳米类流体SN-I-1，具有与上述结构相似的结构。首先将颈层［3-（甘油氧基丙基）三甲氧基硅烷和3-（三羟基硅基）-1-丙烷磺酸］与二氧化硅纳米颗粒的硅烷基反应，然后将单胺端聚醚胺［环氧乙烷（EO）/环氧丙烷（PO）= 31/10］通过离子键连接到颈层表面。第二种二氧化硅无溶剂纳米类流体SN-I-2，它是无颈层合成的。用HCR-W2离子

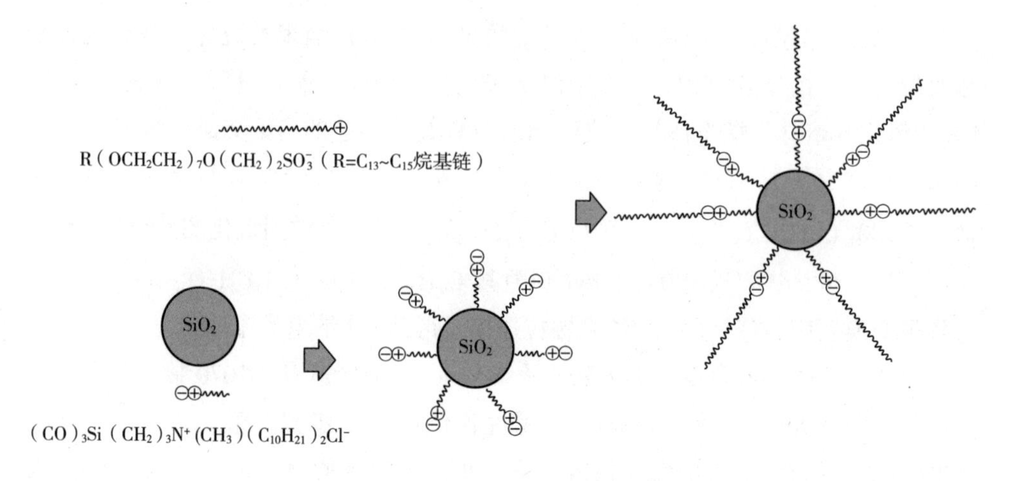

图 3-7　二氧化硅纳米类流体的制备

交换树脂对二氧化硅纳米颗粒的表面基团进行质子化。然后，将颈层（乙二胺四联体，M. W. ~7200）通过离子键附着在二氧化硅纳米颗粒表面。第三种二氧化硅无溶剂纳米类流体 SN-C-1 是通过共价键制备的。首先将颈层［3-（甘氧乙氧基丙基）三甲氧基硅烷］与冠层（聚乙烯亚胺，M. W. ~1800）反应，然后将合成物与二氧化硅纳米颗粒反应。三种二氧化硅无溶剂纳米类流体在室温环境下的物理外观均为黏性透明或淡黄色液体。

莫甘蒂（Moganty）等将 3-三甲氧基硅丙基-3-甲基-咪基-咪唑（三氟甲磺酰基）酰亚胺（SpmImTFSI）分散到 1-丁基-3-（甲基吡咯酰）酰亚胺（BmpyrTFSI）IL 中，获得了一类新型的二氧化硅类流体。首先，合成了 IL 前驱体 1-三甲氧基苯基-丙基-3-甲基咪唑氯化铵。然后，将 IL 前驱体缓慢加入二氧化硅纳米颗粒悬浮液（质量分数 2%）中，在 100℃下搅拌 12h，离心洗涤得到改性二氧化硅纳米颗粒。经过冷冻干燥后，得到 SiO_2-SpmImCl 颗粒。最后，通过 Cl 离子与双（三氟甲基磺酰基）酰亚胺锂（LiTFSI）、SiO_2的阴离子交换反应，将 SiO_2-SpmImCl 颗粒转化为所需的 SiO_2-SpmImTFSI 颗粒。SiO_2-SpmImTFSI 颗粒具有较高的接枝密度（0.8 个配体/nm^2）。值得注意的是，添加质量分数 0.1%的 SiO_2-SpmImTFSI 到 BmpyrTFSI 中，对结晶和熔融转变产生了显著影响而对 T_g 没有任何影响。

张（Zhang）等对中空二氧化硅纳米颗粒的表面改性，合成了一类新型的液体多孔无溶剂纳米类流体。为了保存纳米类流体中的空心结构，选择具有可以阻挡大于 1.9nm 物体的介孔壳的空心硅球作为核心，有机硅烷[$(CH_3O)_3Si(CH_2)_3$

$N^+(CH_3)(C_{10}H_{21})_2Cl^-$]作为长链，其分子尺寸约为2.0nm。第一步，采用水热法制备空心硅球。第二步，带正电荷的有机硅烷以颈层的形式结合在硅壳上。第三步，表面改性的二氧化硅空心硅球在聚乙二醇磺酸盐（PEGS）溶液中进行离子交换。第四步，除去过量的PEGS并干燥后得到多孔二氧化硅纳米类流体。

张（Zhang）等也通过两步法制备了二氧化硅无溶剂纳米类流体，即将磺酸低聚物附着在二氧化硅纳米颗粒表面，然后用聚乙二醇取代的叔胺进行离子交换。详细过程为：二氧化硅纳米颗粒表面的Si—OH基团与SIT发生脱水反应。随后，通过电解键合法将聚氧乙烯十八胺附着在纳米颗粒表面。二氧化硅胶体有明显团聚现象，SiO_2/SIT/亚硫磺胺则显示出无团聚的良好分散现象。

以正硅酸乙酯（TEOS）为原料制备SiO_2凝胶、超细粉等新型材料的方法，一直为人们所关注。尚雪梅等采用溶胶凝胶法，先由正硅酸乙酯合成纳米SiO_2，再采用DC5700和NPES发生离子交换反应生成产物A，然后产物A经水解并发生脱甲醇反应形成硅醇基Si—OH，水解后生成羟基的正硅酸乙酯与含有硅氧烷基团的产物B反应，通过O—Si键使纳米SiO_2表面接枝上有机离子盐，使DC5700以Si—O—Si共价键牢固地结合在纳米SiO_2表面，制备出SiO_2纳米类流体。

笼状聚倍半硅氧烷是一种杂化材料，由一个被有机基团包围的无机硅芯组成，其尺寸一般为1~3nm，被认为是硅的最小颗粒。珀蒂（Petit）等通过将聚合物链离子接枝到多面低聚硅氧烷上，合成了类液体纳米颗粒有机杂化材料，研究该杂化材料与二氧化碳的相互作用。郑亚萍等以倍半硅氧烷（POSS）为核，γ-缩水甘油醚氧丙基三甲氧基硅烷为颈层，聚醚胺M2070为冠层，将POSS制备成纳米类流体。类液体POSS在没有任何溶剂的室温下黏度较低。并且将类流体和环氧树脂复合，制备了类流体/环氧树脂纳米复合材料，并通过热重分析仪（TGA）对其耐热性能进行了测试。结果表明，复合材料热阻性能显著改善，并受颗粒粒径、流动能力和黏接类型的影响。通过添加类流体，提高了复合材料的玻璃化转变温度。通过测试傅立叶变换红外光谱（FTIR）和弯曲纳米复合材料的凝胶含量，发现了交联密度的提高是实现这些改进的一个重要因素。

殷先泽等以SiO_2纳米粒子为核、DC5700为颈层、NPES为冠层，将DC5700接枝到SiO_2纳米粒子表面，然后与NPES进行离子交换，制备得到室温可流动的SiO_2纳米类流体。

3.2.1.5 MOF多孔纳米类流体

MOF材料，即金属有机框架材料，是一类金属和配体通过配位键自组装形成的具有网络结构的有机—无机杂化材料。因具有极高的比表面积、孔隙率和孔径/功能可调控性，其在气体储存、吸附分离等领域具有广阔的应用前景。

UiO-66 是一种具有各向同性孔隙几何形状和颗粒形状的典型 MOF 材料。杨（Yang）等利用离子液体单体通过自由基聚合合成了聚离子液体 PIL，然后利用 PIL 上的活性氨基，将 PIL 共价接枝在 UiO-66—$(OH)_2$表面。将 KH560 上的 Si—O 基团与 UiO-66—$(OH)_2$上的—OH 基团进行脱水缩合反应。然后，将 KH560 上的环氧基与 PIL 上的氨基进行化学结合，得到 UiO-66—$(OH)_2$@PIL。

王（Wang）等通过共价键表面工程三步合成方法制备一类稳定的 UiO-66—OH PLs。首先制备含有羟基的 UiO-66 作为多孔腔；然后，M2070 与 KH560 通过共价键反应形成的低聚物，作为流动介质。最后，通过脱水缩合反应将这些低聚物固定在 UiO-66 的羟基上，得到均匀的淡黄色的 UiO-66—OH PLs，其在室温下表现出液状行为，放置 8 个月后依然非常稳定。

郑亚萍等尝试利用胺功能化的沸石咪唑类金属有机框架（ZIF-8）纳米颗粒（即 ZIF8-A）代替 ZIF-8 纳米颗粒作为多孔填料，以聚二甲基硅氧烷（PDMS）作为受阻溶剂，制备一种新型的室温 ZIF-8 PLs（图 3-8）。通过可塑性淀粉材料 PSM 与 2-甲基咪唑（2-mim）和 3-氨基-1-1,2,4-三唑（Atz）的配体交换，成功合成了 ZIF8-A，同时保留了其本征 ZIF-8 的晶体结构、孔隙率和尺寸。此外，还基于 1-丁基-（3-丙基三甲铵）咪唑双（二甲基磺基）酰胺（$[C_4ImC_3N_{111}][NTf_2]_2$）和 MOF 之间的非共价相互作用，构建了一种新的多孔离子液体（SRPILs）。

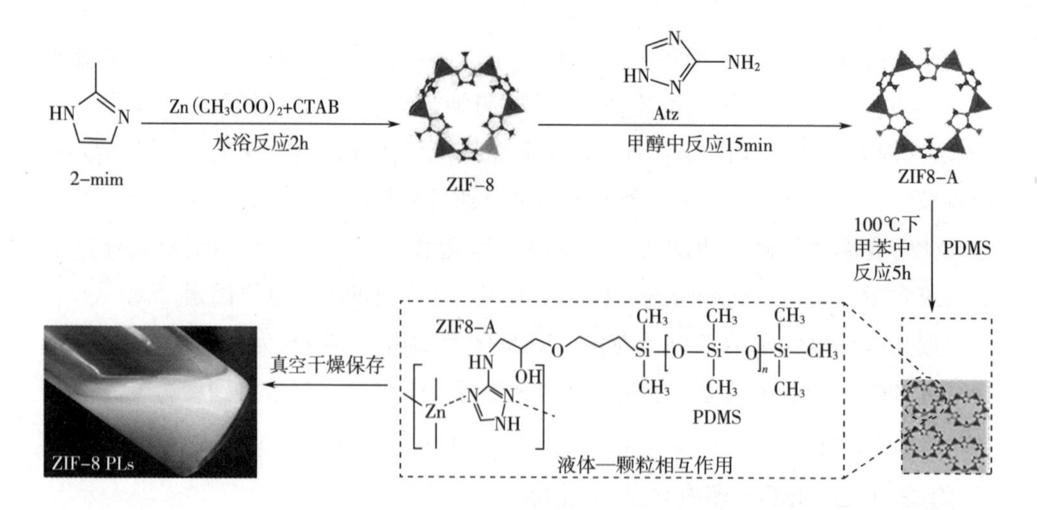

图 3-8　ZIF-8 多孔液体的制备及 ZIF-8 PLs 的结构和液粒相互作用的示意图

SRPILs 具有独特的固液可逆相变特性，为调控 SRPILs 的相态结构以满足不同应用场景要求带来了新的机会。该团队还合成了对称双阳离子液体［C_6BIm_2］［NTf_2］$_2$ 作为空间位阻溶剂，构建了一种基于低黏度沸石咪唑酸盐框架（ZIF）的 PLs。

郑亚萍等还提出了一种新的离子液体，即稳定 MOF 基多孔液体（UiO-66 液体），可通过聚醚胺纳米颗粒（D2000）和［M2070］［IPA］的聚合物 IL（离子液体）制得。选择具有末端氨基的 D2000 对 UiO-66 NPs 进行羧基修饰（记为 D2000@UiO-66），并经过一步合成［M2070］［IPA］。由于 D2000 和 M2070 正离子的聚醚结构相似，D2000@UiO-66 NPs（纳米颗粒）可以很好地溶解在［M2070］［IPA］中，得到 UIO-66 液体。

杨瑞路等以装载 Fe_3O_4 的中空二氧化硅（HS）作为核心、KH560 和聚醚胺 M2070 作为柔性有机长链，制备了 Fe_3O_4@HS-PLs，用于 Cu（Ⅱ）和 Pb（Ⅱ）重金属水溶液的去污。

李（Li）等通过聚合物离子液体（PIL）和空心碳球（HCS）之间的强静电相互作用制备了稳定和均匀的多孔碳类流体。由于 IL 分子链上带有乙烯基，可以经过自由基聚合形成聚离子液体，可避免 IL 渗透到多孔碳类流体内部。基于溶液的自组装过程，PIL 可以很容易地锚定在 HCS 的表面（组合为 PIL@HCS），从而赋予 HCS 在水中的稳定分散性。然后，通过离子交换法取代用 PEGS 平衡带正电荷的 HCS 的溴阴离子（Br^-）来整合流动性。由于阳离子—阴离子相互作用较强，在完全去除水和其他杂质后，PIL@HCS 纳米颗粒可以稳定分散在 PEGS 中，产生稳定的多孔碳类流体。这种简单的合成方法为开发其他各种多孔类液体提供了可能性，包括金属有机框架和共价有机框架等。因此，通过静电相互作用开发聚合物离子液体对多孔类流体的发展有重要贡献。

3.2.1.6　其他材料制备的纳米类流体

除了上面讨论的纳米颗粒，碳酸钙和硅石也可以作为无溶剂纳米类流体的核心材料。李（Li）等采用两步法合成碳酸钙纳米类流体。第一步，用带电聚硅氧烷季铵盐 DC5700 在 pH 约为 10.5 的溶液中对碳酸钙进行改性；第二步，PEG 功能化的磺酸盐［$C_9H_{19}—C_6H_4O(CH_2CH_2O)_{10}SO_3K^+$］通过离子交换反应连接到改性的碳酸钙纳米颗粒表面。郑亚萍等采用类似的方法合成了一种无溶剂的纳米类流体。第一步，用另一种带电荷的聚硅氧烷季铵盐［$(CH_3O)_3Si(CH_2)_3N(CH_3)(C_{10}H_{21})_2Cl^-$］进行改性；第二步，氯被冠层 PEG 功能化的磺酸盐（$C_9H_{19}—C_6H_4O(CH_2CH_2O)_{10}SO_3^-$）取代。封等则利用巯基丙酸与合金纳米粒子硒化镉（CdSe）

进行配体交换，再接枝柔性长链离子液体得到荧光无溶剂纳米类流体。

殷先泽等采用离子交换法制备埃洛石纳米类流体。首先采用氢氧化钠增加了埃洛石表面的羟基含量，然后埃洛石纳米管表面的羟基通过 Si—O—Si 键与 DC5700 发生反应。最后，壬基酚聚氧乙烯醚（NPEP）进行离子交换接枝到埃洛石核上，合成了埃洛石纳米类流体（图 3-9）。并且用相同的方法和材料制备了氢氧化镁纳米类流体（图 3-10）。

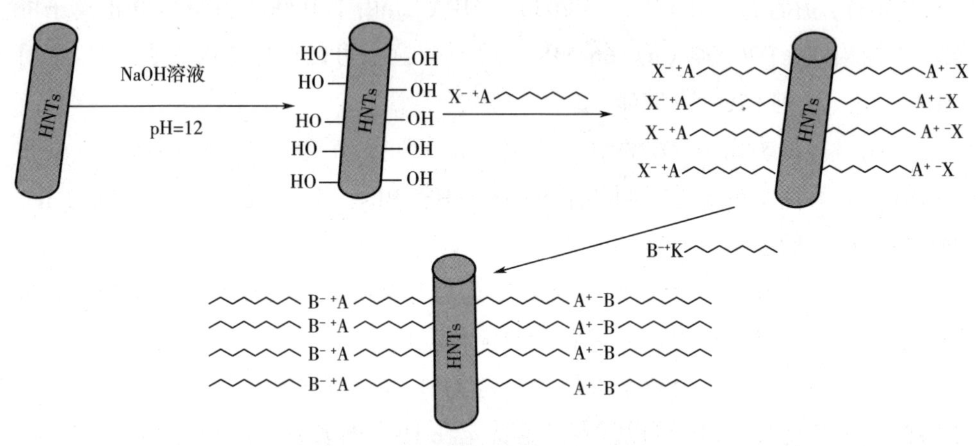

图 3-9　埃洛石纳米类流体的制备

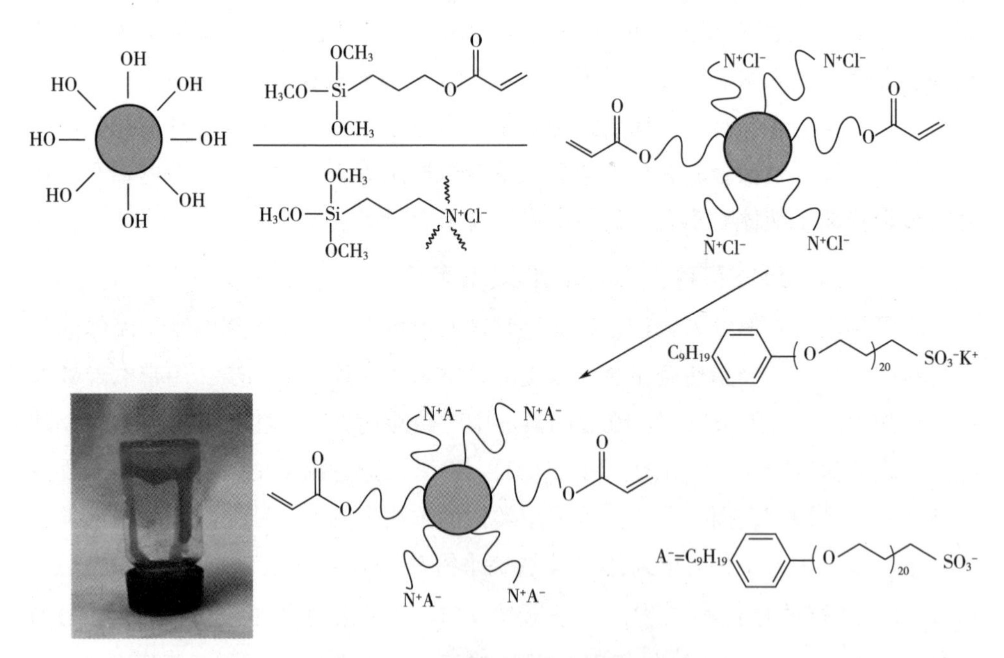

图 3-10　氢氧化镁纳米类流体的制备

殷先泽等也通过离子交换反应合成了以羟基化氮化硼（BN）为核心和以 DC5700 与 NPES 为双层有机离子链组成的无溶剂 BN 纳米类流体（图 3-11）。

3.2.2 基于多组分核的无机纳米类流体

除了具有单组分核的无溶剂纳米类流体外，还开发了一类新型的具有多组分核的无溶剂纳米类流体。与单组分材料不同，合成的多组分材料表现出显著的理化性质。研究人员合成了一系列基于多组分核的无溶剂纳米类流体。

张（Zhang）等制备了二氧化硅纳米类流体，其具有可逆的熔融和凝固过程，在室温环境下为固体，在 45℃ 下表现出类液体行为。制备过程如下：第一步，将 3-（三甲氧基苯基）-1-丙乙醇修饰的二氧化硅纳米颗粒沉积在羧基化碳纳米管表面；第二步，共聚物（PEO-b-PPO-b-PEO，$M_n = 14600$，PEO 质量分数为 82.5%）与羧基化碳纳米管表面的羧基、羟基等反应形成冠层。

李（Li）等将石墨烯表面的 SIT 8738.3 和 M2070 与 Fe_3O_4 结合，合成了基于石墨烯@ Fe_3O_4 的无溶剂纳米类流体。石墨烯@ Fe_3O_4 的质量分数约为 13.78%。此外，它在周围环境下是一种超顺磁性流体材料。制备步骤如下：第一步，通过氯化亚铁和氯化铁化学沉淀将 Fe_3O_4 纳米颗粒沉积在氧化石墨烯片表面，得到石墨烯@ Fe_3O_4 杂化物；第二步，将有机硅烷 SIT 8738.3 附着在石墨烯@ Fe_3O_4 杂化物表面；第三步，将功能化石墨烯@ Fe_3O_4 杂化物的磺酸基进行质子化；第四步，将冠层 M2070 接枝到功能化石墨烯@ Fe_3O_4 杂化物上，得到石墨烯@ Fe_3O_4 类流体。

郑亚萍等通过将有机硅烷 SID 3392 和 PEGS 附着在 MWCNTs@ Fe_3O_4 杂化表面，获得了一种无溶剂纳米类流体（图 3-12）。其合成步骤与上述类似，第一步，通过氯化亚铁和氯化铁的化学沉淀得到 MWCNTs@ Fe_3O_4 复合物；第二步，用有机硅烷 SID 3392 对 MWCNTs@ Fe_3O_4 复合物进行改性。第三步，用 PEGS 改性处理得到 MWCNTs@ Fe_3O_4 类流体。

李（Li）等制备了一种以石墨烯纳米片（GNS）@羟基己烷酸锌盒（ZHS）混合物为核心的共价无溶剂纳米类流体。第一步，将 $ZnSO_4 \cdot 7H_2O$ 和 $Na_2SnO_3 \cdot 3H_2O$ 加入氧化石墨烯悬浮液中，摩尔比为 [Zn]：[Sn] =1：1，连续搅拌合成 GNS@ GO 杂化物。第二步，采用 KH560 对 GNS@ GO 杂化物进行改性。第三步，用 M2070 对改性的 GNS@ GO 杂化物进行处理，得到纳米类流体。

白（Bai）等制备了一种基于 Fe_3O_4@ 聚苯胺（PANI）纳米颗粒的磁性无溶剂纳米类流体，其核心是 Fe_3O_4 纳米颗粒，PANI 被涂在 Fe_3O_4 纳米颗粒表面。

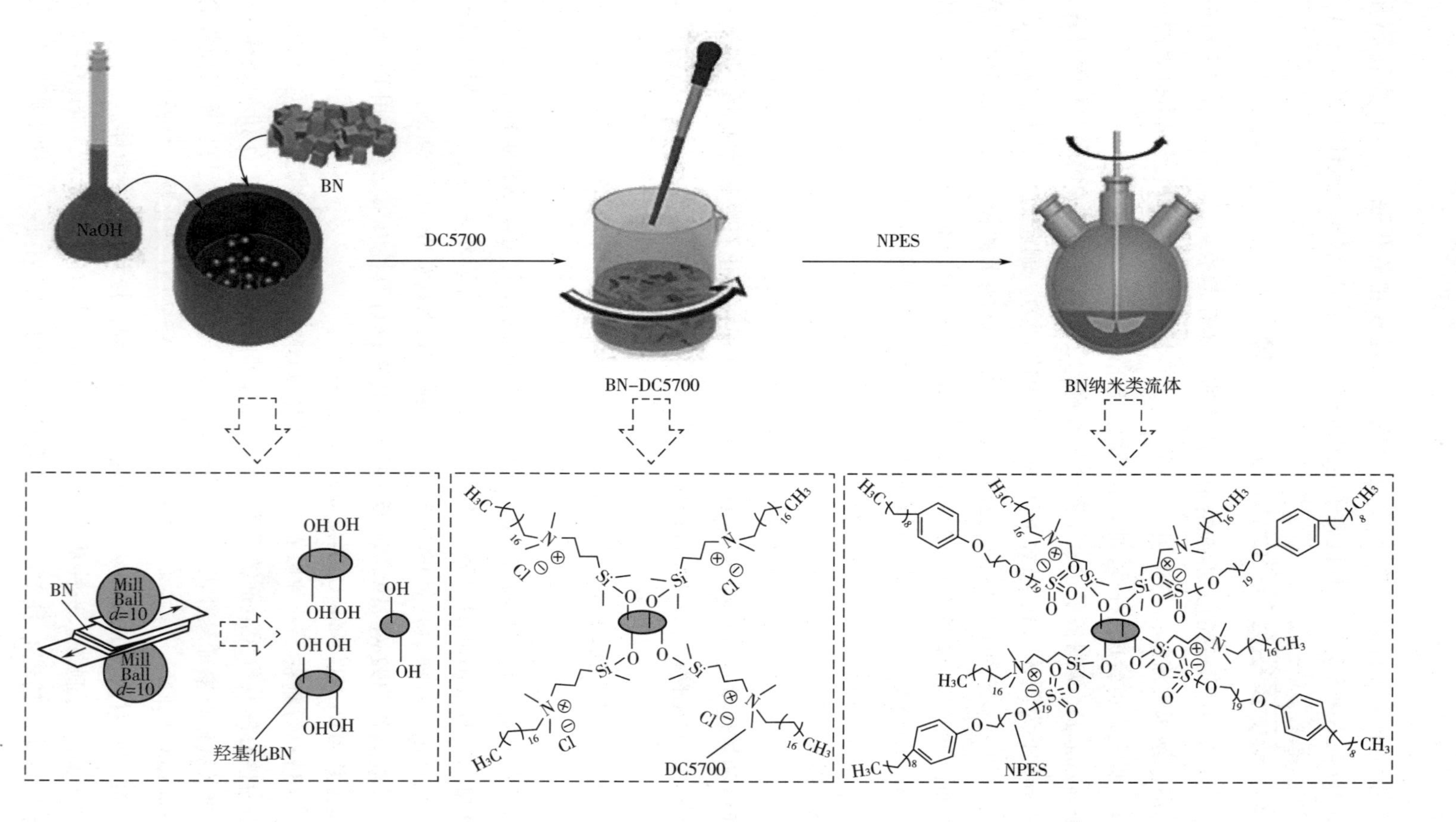

图 3-11 BN纳米类流体的制备

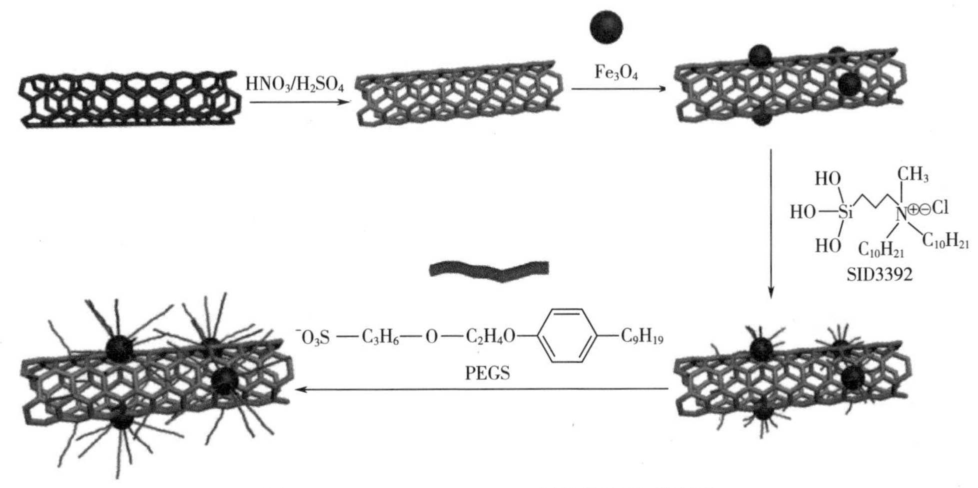

图 3-12　MWCNTs@ Fe_3O_4复合类流体的制备

冠层结构是由己二酸和 M2070 合成的柔性链。合成过程包括三个主要步骤。第一步，通过氯化亚铁和氯化铁的化学沉淀合成核心 Fe_3O_4。第二步，通过原位乳液聚合将颈层 PANI 涂覆在 Fe_3O_4 纳米颗粒的表面。第三步，将己二酸的羧基基团和 PANI 的氨基基团反应接枝到颈层表面，产物经 M2070 处理，完成冠层的合成。

郭（Guo）等将 SiO_2 纳米颗粒负载到 GO 表面得到 GO@ SiO_2杂化粒子，然后将有机硅烷和低聚物层附着在 GO@ SiO_2杂化纳米核上。可以观察到，GO 具有典型的剥离层结构。SiO_2 纳米颗粒在 GO 薄片表面均匀分布，通过将 SiO_2 纳米颗粒载入其表面，可以显著提高 GO 的润滑性能。然而，由于纳米添加剂的高表面能和较强的范德瓦耳斯力，其摩擦性能往往在团聚时恶化，在大多数溶剂中表现为相容性较差。然而，随着有机硅烷和低聚物连接到 SiO_2 纳米颗粒表面，GO@ SiO_2纳米颗粒的分散性、迁移率、润滑性和耐久性得到了显著提高。

郑（Zheng）等以 GO@ Fe_3O_4为核心，以有机硅烷为颈层，聚醚胺为冠层，成功制备了多功能 GO@ Fe_3O_4杂化类流体。这种制备方法解决了官能团聚合物/GO 纳米复合材料的一个基本问题，即防止石墨烯在聚合物基体中的团聚。

程（Cheng）等先将 Fe_3O_4 和 GO 反应合成杂化核心，然后将 KH560 和 M2070 反应合成长链，最后采用共价键合的方法将长链接枝到杂核粒子上，制备成为一种新型的均匀、稳定的杂核类流体。郑亚萍等在 GO 表面引入 Fe_3O_4 纳米晶体，然后通过以 KH560 为颈层、M2070 为冠层，采用共价键合的方法合成了 Fe_3O_4 纳米晶体修饰的 GO 纳米类流体。

除了上述方法，殷先泽等制备了 CNT/Fe_3O_4杂化类流体。方法一是先将 CNT

和 Fe_3O_4 反应合成杂化核，将 DC5700 接枝到杂核纳米粒子上，然后与 NPES 进行离子交换。方法二是先利用离子交换法将碳纳米管为核，DC5700 和 NPES 作为柔性长链，制备 CNT 类流体。然后向其中加入 Fe_3O_4 合成杂化类流体。并且还通过简单的氢键自组装方法，利用粒子表面的羟基与两端带有羟基的嵌段共聚物 PEO-b-PPO-b-PEO 成功制备了 GO@ SiO_2 杂化类流体。

3.3 无机纳米类流体的结构与性能研究

根据不同需求，改变核心的纳米粒子以及接枝的有机层的分子种类或分子链长等，可以得到具有不同流变性能的功能化无溶剂纳米类流体，理论上通过任意组合纳米粒子核的种类和有机分子层的类型可得到不同功能的无溶剂纳米类流体。

3.3.1 基于单组分核的无机纳米类流体的结构与性能研究

对于基于单组分核的纳米类流体，殷先泽等通过以 SiO_2 纳米粒子为核，DC5700 和 NPES 为有机长链，采用离子交换法制备了 SiO_2 纳米类流体，并表征了 SiO_2 纳米类流体的结构和性质。TGA 能够表征材料的热稳定性和固含量，图 3-13 (a) 为 SiO_2-DC5700 和 SiO_2 纳米类流体的热损失曲线，从图中可知，在 150℃以下材料没有质量损失，表明样品中没有溶剂。另外，观察两条曲线的初始降解温度，发现 SiO_2 纳米类流体相较于 SiO_2-DC5700 有更高的初始降解温度，即热稳定性更好。在图 3-13 (b) DSC 曲线中，SiO_2-DC5700 的曲线中没有特征温度，但是与 NPES 反应后出现玻璃化转变温度 T_g、结晶温度 T_c 和熔融温度 T_m。而 SiO_2 纳米类流体的 T_g 和 T_c 值分别为-56.6℃和-32.7℃，都低于 NPES 的 T_g 和 T_c 值。SiO_2 纳米类流体的 T_m 为 20.2℃，高于 NPES。这都说明 SiO_2 纳米类流体与 NPES 相比，具有更宽的液相温度范围，并有优异的热稳定性。

动态温度扫描曲线用来探究类流体的模量和黏度与温度之间的关系，图 3-14 为 SiO_2 纳米类流体的动态温度扫描曲线。在整个温度范围内，动态损耗模量（G''）总是高于储能模量（G'），即在整个测试范围内 SiO_2 纳米类流体呈现出类液体行为。在黏度—温度曲线中，SiO_2 纳米类流体的黏度随着温度的升高而降低，表明了 SiO_2 纳米类流体具有热响应性。

图 3-15 所示为 SiO_2 纳米颗粒和 SiO_2 纳米类流体的 TEM 图，SiO_2 纳米颗粒的

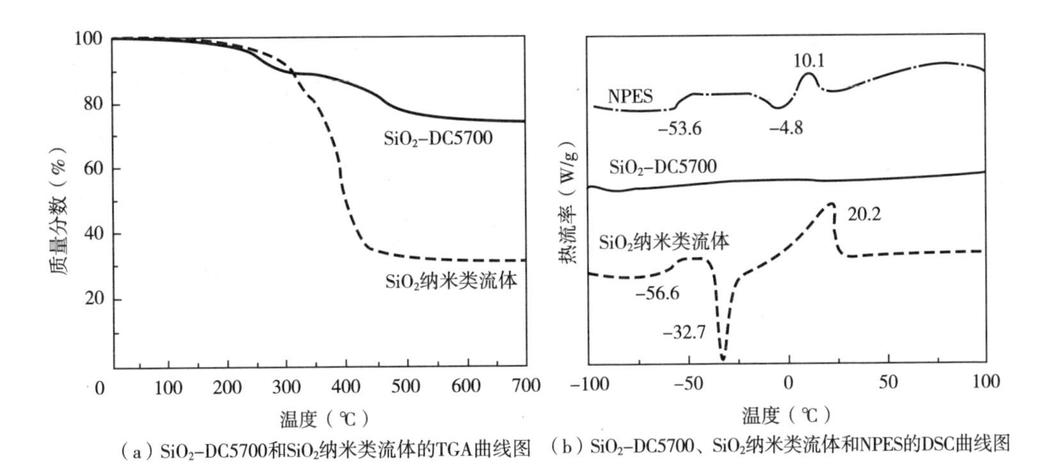

（a）SiO_2-DC5700和SiO_2纳米类流体的TGA曲线图　（b）SiO_2-DC5700、SiO_2纳米类流体和NPES的DSC曲线图

图 3-13　SiO_2-DC5700 和 SiO_2 纳米类流体的热分析曲线

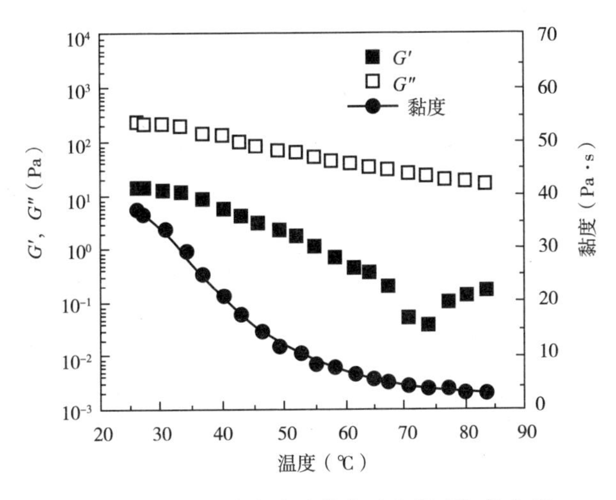

图 3-14　SiO_2 纳米类流体的动态温度扫描曲线

TEM 图像展现了明显的团聚，而 SiO_2 纳米类流体粒子之间存在间隙处于分散状态，这表明有机外壳 DC5700-NPES 有效地防止了 SiO_2 纳米颗粒的团聚。图 3-15（a）（b）的左下角分别为 SiO_2 纳米颗粒和 SiO_2 纳米类流体的宏观图像，图中 SiO_2 纳米颗粒表现为固态，SiO_2 纳米类流体呈无相分离液态。图 3-15（c）中可以明显观察到 SiO_2 的晶格条纹，而晶格边缘有一层浅灰色层包覆，深色部分代表无机 SiO_2 纳米颗粒，浅灰色部分为有机壳层 DC5700-NPES，揭示了 SiO_2 纳米类流体的核—壳结构。

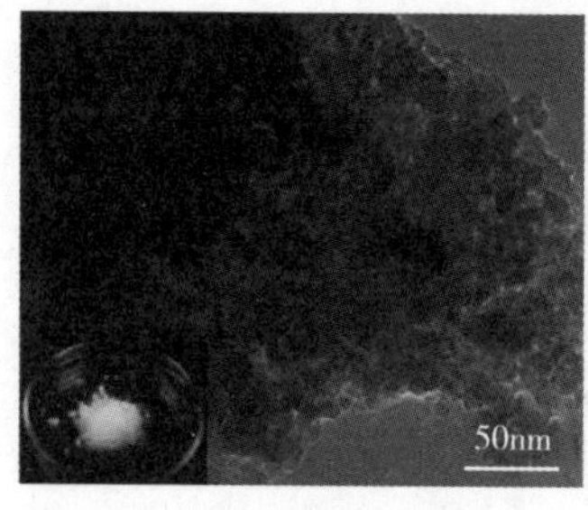

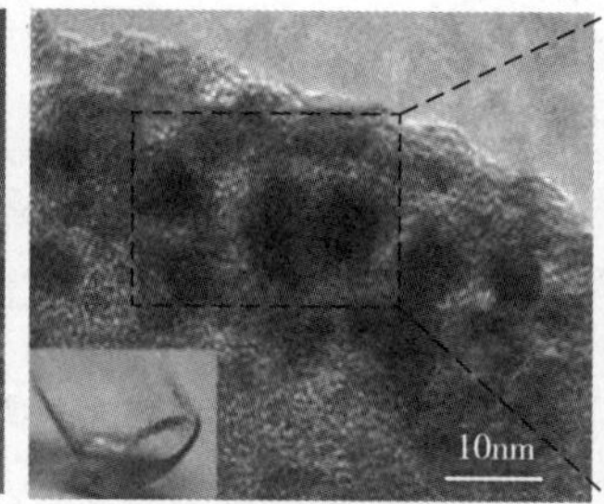

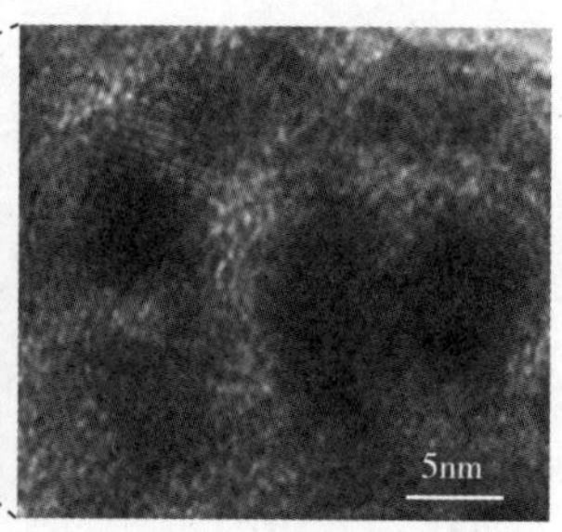

（a）SiO_2纳米颗粒的TEM图　（b）SiO_2纳米类流体的TEM图　（c）SiO_2纳米类流体的HRTEM图

图 3-15　SiO_2 纳米颗粒和 SiO_2 纳米类流体的 TEM 图

3.3.2　基于多组分核的无机纳米类流体的结构与性能研究

对于基于多组分核的纳米类流体，殷先泽等将粒子表面的羟基与两端带有羟基的嵌段共聚物 PEO-b-PPO-b-PEO 通过氢键自组装法的方法成功制备了 GO@SiO_2杂化类流体。TGA 用来表征材料的热稳定性，GO、PEO-b-PPO-b-PEO 和 GO@SiO_2-3 类流体的 TGA 曲线如图 3-16 所示。GO 在 100～200℃失重明显，这归因于 GO 表面含氧官能团的降解。PEO-b-PPO-b-PEO 在 200℃以内保持较好的热稳定性，当温度高于 300℃时，急剧降解，这可能是由嵌段共聚物分子链的断裂降解所引起的。GO@SiO_2-3 类流体在 350℃以内质量保持不变，在 350～450℃急剧失重，这归因于聚合物的分子链断裂。GO@SiO_2-3 类流体在 450℃之后质量保持恒定，可以推断其有机和无机组分质量分数分别为 73.4%、26.6%。

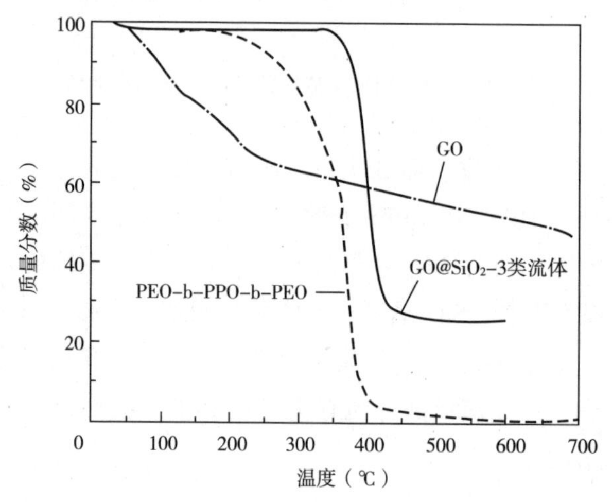

图 3-16　GO、PEO-b-PPO-b-PEO 和 GO@SiO_2-3 类流体的 TGA 曲线

对 PEO-b-PPO-b-PEO 和 GO@ SiO_2-3 类流体进行 DSC 测试，结果如图 3-17 所示。对于 PEO-b-PPO-b-PEO 而言，60.9℃处出现强的吸热峰，对应其熔融温度（T_m），在 34.6℃处的放热峰，对应其结晶温度（T_c）。与 PEO-b-PPO-b-PEO 相比，GO@ SiO_2-3 类流体在降温段 17.62℃出现结晶峰，在升温段 47.02℃出现熔融峰。

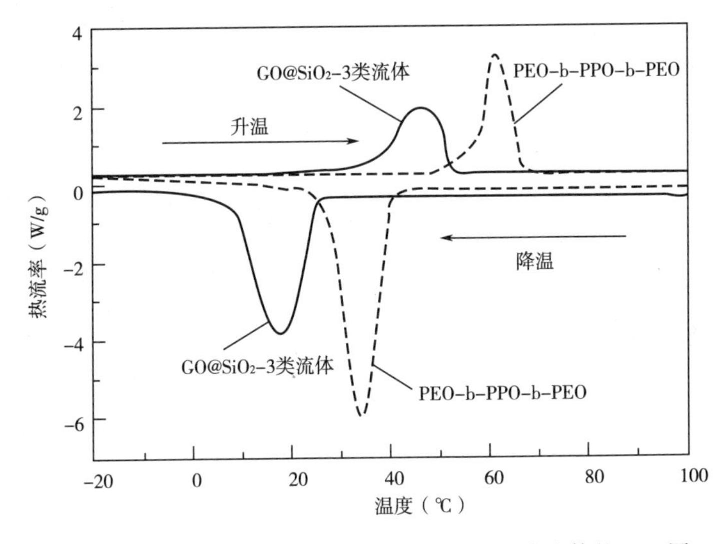

图 3-17 PEO-b-PPO-b-PEO 和 GO@ SiO_2-3 类流体的 DSC 图

利用 TEM 和 SEM 观察 SiO_2、GO 的形态以及 SiO_2纳米粒子在 GO 表面上的分布，结果如图 3-18 所示。由图 3-18（a）可知，单个球体 SiO_2纳米粒子的尺寸大约为 10~30nm。GO 表面不光滑，呈明显褶皱状［图 3-18（b）］。在 GO@ SiO_2-1 类流体中，由于 SiO_2、GO 含量较高（42.2%），导致严重的团聚［图 3-18（c）］。然而，随着 SiO_2、GO 含量的减少，杂化物可以均匀分散在 GO@ SiO_2-2 类流体和 GO@ SiO_2-3 类流体中。与纯 GO 片层相比，大量的 SiO_2纳米粒子均匀分散在 GO@ SiO_2-3 类流体的表层和边缘，这归因于 GO 表面有大量的羟基和环氧基［图 3-18（f）］。同时，GO 和 GO@ SiO_2-3 类流体的 SEM 图像可清楚地观察出其微观结构和形貌，如图 3-18（g）、（h）所示。GO 片堆叠紧密，在边缘处形成庞大的具有褶皱结构的大团块［图 3-18（g）］，而许多 SiO_2 纳米粒子位于 GO@ SiO_2-3 类流体薄片表面上［图 3-18（h）］，进一步证实 SiO_2纳米粒子存在于 GO 片的表面上，SiO_2和共聚物的协同效应使 GO@ SiO_2-3 类流体均匀分散，在水蒸发后不存在较大的团聚体［图 3-18（e）］。

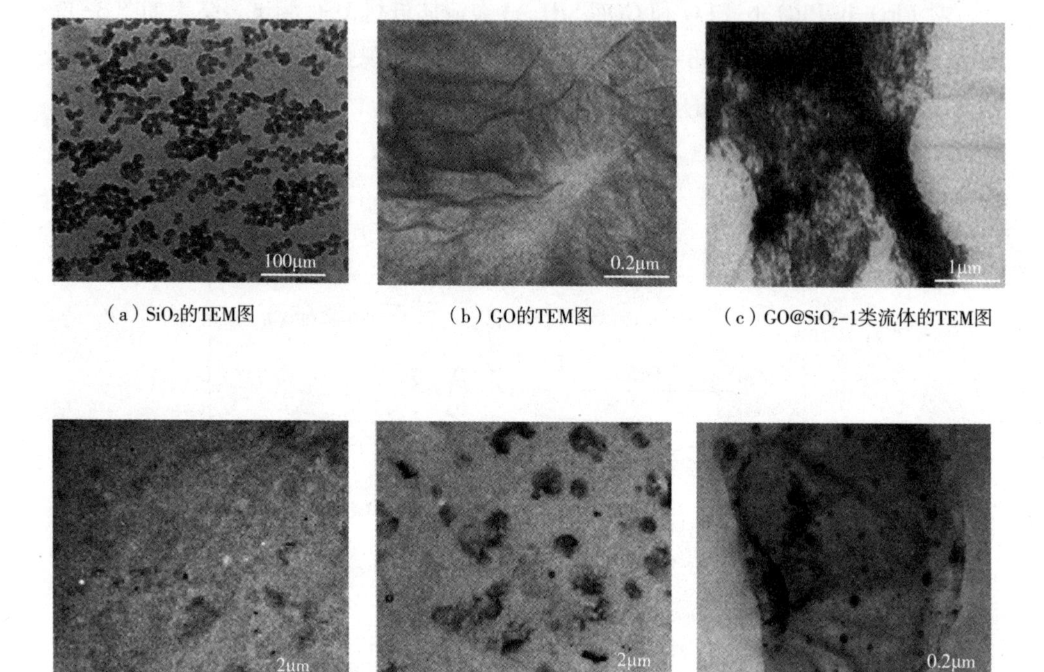

（a）SiO_2的TEM图　（b）GO的TEM图　（c）GO@SiO_2-1类流体的TEM图

（d）GO@SiO_2-2类流体的TEM图　（e）GO@SiO_2-3类流体的TEM图1　（f）GO@SiO_2-3类流体的TEM图2

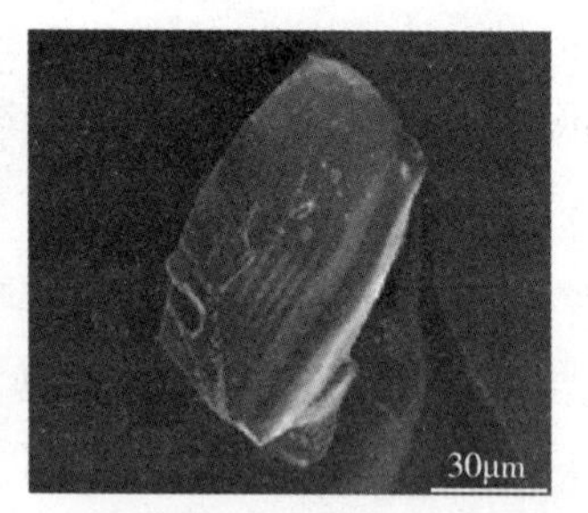

（g）GO的SEM图　（h）GO@SiO_2-3类流体的SEM图

图 3-18　SiO_2、GO 及 GO@ SiO_2类流体的 TEM 和 SEM 图

图 3-19 是 GO@ SiO_2-3 类流体的模量/黏度—温度关系。由图可看出，在 40~100℃测试温度区间内，G'和 G''的值均随温度的增加而减小，且 G''总是高于 G'，表明 GO@ SiO_2-3 类流体在此温度区间内始终呈现类液体的黏性流变行为。在黏度—温度曲线中，GO@ SiO_2-3 的黏度也随着温度的升高而减小，表明了 GO@ SiO_2-3类流体具有热响应性。

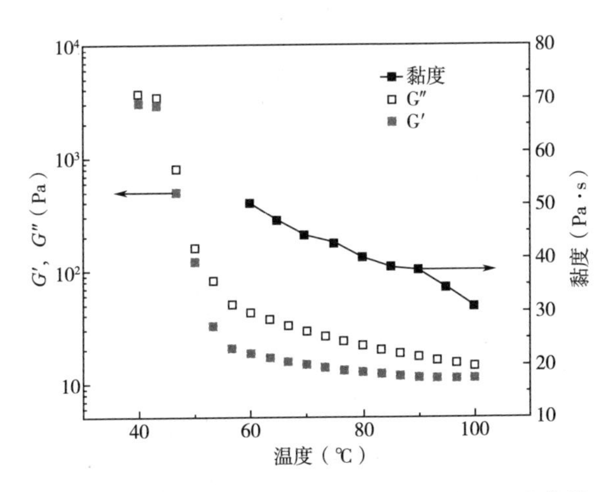

图 3-19　GO@ SiO_2-3 类流体的模量/黏度—温度曲线

3.4　核—壳结构对纳米类流体性能的影响

3.4.1　有机分子链对纳米类流体性能的影响

有机分子链可以影响纳米粒子的分散性、相互作用、稳定性等，从而影响纳米类流体的性质和应用。有机分子链在纳米类流体中起到分散剂、相互作用调节剂等作用。根据需要，可以选择不同种类的有机分子链合成纳米类流体。

为了研究颈层结构对相行为、分散性和流变性能的影响，坦尼（Tany）等采用类似的合成方法制备了一系列四氧化三铁无溶剂纳米类流体，其中以四氧化三铁纳米颗粒为核心，离子液体为壳层。并分别选择了三种不同的表面活性剂 3392、6620 和 8415。它们具有相同的官能团，但烷基链的长度和数量不同。反应将相同的反阴离子 $C_9H_{19}C_6H_4(OCH_2CH_2)_{20}O(CH_2)_3SO_3^-$与 Cl^-进行了交换。结果表明：三种类流体中纳米颗粒的含量分别高达 8.28%、9.80%和 10.42%，这说明冠层表面活性剂提高了其分散性和流动性。对于无溶剂的纳米类流体，长链颈层具有内部塑化作用，既可以降低系统的损耗模量，同时可以提供较低的黏度和更好的流动性，而短链颈层则导致纳米类流体的高黏度（图 3-20、图 3-21）。纳米类流体的流变学和黏度与颈层的微观结构有关，其可调节和可控的物理性质，为纳米类流体的制备提供了理论基础。

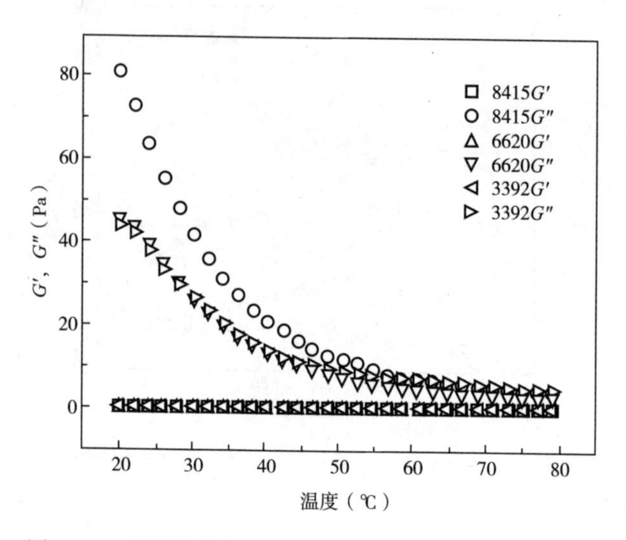

图 3-20　不同纳米类流体在 100Hz 下的模量—温度曲线

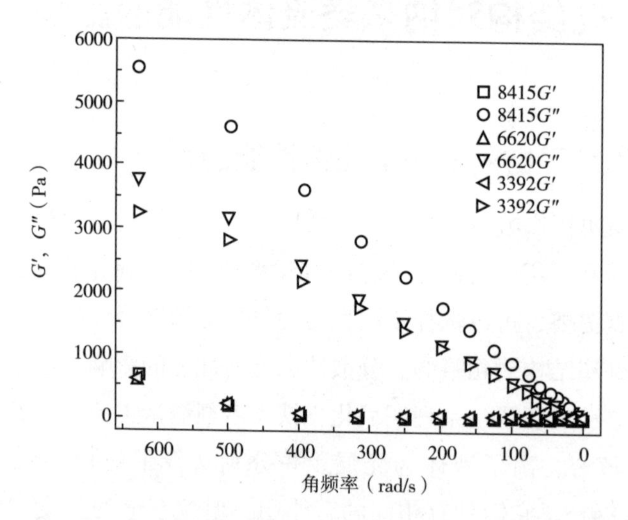

图 3-21　不同纳米类流体在 25℃下的模量—角频率曲线

为了系统地研究结构对聚倍半硅氧烷纳米类流体捕捉 CO_2 的影响，郑亚萍等选择三烷醇异丁基-POSS 为核心制备纳米类流体，与二氧化硅和四氧化三铁颗粒不同，POSS 表面的尺寸和—OH 基团可以被严格控制，因此为了制备不同分子尺寸的类流体，选择了聚醚胺 M2070 和聚醚胺 M1000 作为冠层，M2070 和 M1000 的分子结构相似，但分子量不同。选择带磺酸基的 SIT 8378.3 和带环氧基的

KH560 作为颈层结构，它们可以分别与冠层结构通过离子键合和共价键合的方法合成 POSS 流体。研究表明：成功合成的 POSS 衍生物在室温下呈液体状，流体捕获 CO_2 的能力受其键合类型、流动能力、分子量和氨基等结构的影响。键接类型会影响循环性能，C-液体-Ds 具有较好的循环性能。更好的流动能力可以帮助 CO_2 更容易进入吸附剂，使纳米类流体获得更好的捕获性能（图 3-22）。

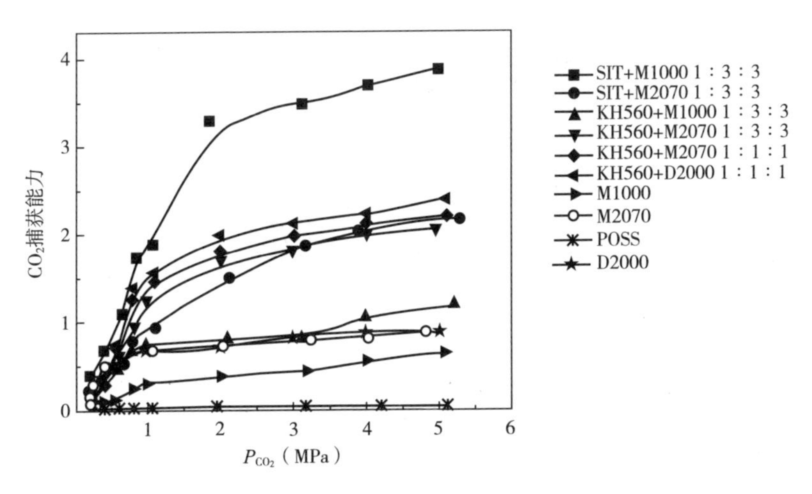

图 3-22　不同 P_{CO_2} 条件下的 CO_2 捕获能力

为了进一步研究，郭（Guo）等成功制备了四种不同长度烷基链的二氧化硅类流体。其中以二氧化硅纳米颗粒为核心，NPES 为冠层，颈层分别为四种不同的硅烷偶联剂：三甲基［3-（三甲氧基硅烷基）丙基］氯化铵、二甲基［3-（三甲氧基苯基）丙基］氯化铵（SCA-C10）、二甲基十四烷基［（3-三甲氧基硅烷基）丙基］氯化铵和二甲基十八烷基［3-（三甲氧基硅烷基）丙基］氯化铵。二氧化硅类流体表现出均匀的稳定性和流动性。此外，具有长烷基链的二氧化硅类流体具有良好的吸附性能。合成的二氧化硅类流体具有显著的减摩擦和抗磨性能。增加颈层的烷基链长度，可以形成较厚的有机—无机混合双电层，从而产生更好的润滑性能。二氧化硅类流体的润滑性对外电场反应敏感。即使是应用一个相当低的电势，即 1.5V，也会由于一个增强的双电层而具有明显较低的摩擦。壳层的离子性质和二氧化硅类流体在吸附膜中的捕获被认为是控制刺激响应性的根本机制（图 3-23）。电势的增加进一步减少了用非氟化物润滑时的摩擦。二氧化硅类流体壳层的三重化学反应有利于保护摩擦膜的生长，而二氧化硅类流体的参与提高了其承受恶劣摩擦应力的鲁棒性，增强了对滑动表面的保护效果。

这项工作的结果为通过调整流体的分子结构来调整边界层的结构和功能开辟了新的可能性。

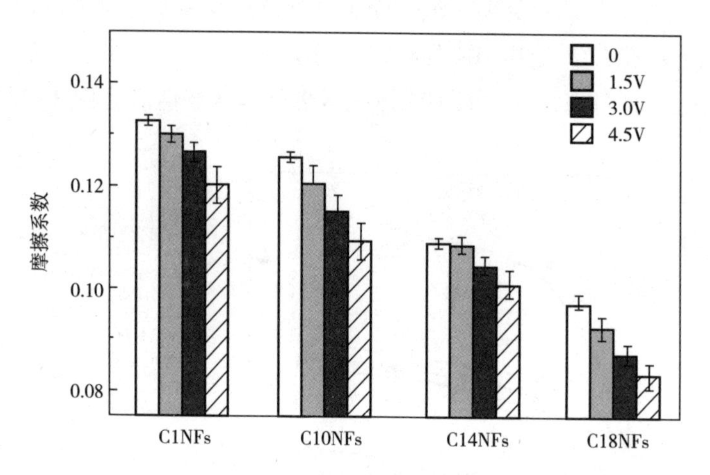

图 3-23 不同纳米类流体（NFs）在不同电压下的摩擦系数

除了上述工作，还研究了柔性长链对流变性能的影响，殷先泽等通过酸碱中和反应，首先通过 SIT 与二氧化硅纳米颗粒表面硅醇基缩合使纳米颗粒表面功能化，使纳米颗粒成为阴离子。然后，以磺酸盐功能化二氧化硅纳米颗粒形式存在的强酸与叔胺$(C_{18}H_{37})N[(CH_2CH_2O)_mH][(CH_2CH_2O)_n]$发生弱碱反应，其中四种不同的冠层分子分别为 1810（$m+n=10$）、1820（$m+n=20$）、1830（$m+n=30$）和 1860（$m+n=60$），与磺酸基交换得到无溶剂纳米类流体。

不同分子量的柔性长链对二氧化硅纳米类流体熔融温度具有影响。采用 DSC 对二氧化硅纳米类流体的热性能进行了表征。从图 3-24 中可以看出，随着冠层分子量的增加，二氧化硅纳米类流体的熔融温度从-8.4℃上升到 41.1℃，说明流动温度可能与冠层的分子量有关。这些二氧化硅纳米类流体的固液转变温度可以通过调节冠层的分子量来调节。二氧化硅纳米类流体 TGA 曲线如图 3-25 所示，二氧化硅纳米类流体在 150℃以下没有出现失重，说明没有溶剂小分子。150℃以上的质量损失是由于有机烷基的分解。此外，随着冠层分子量增加，初始降解温度从 144℃显著升高到 288℃，这表明冠层分子量的增加增强了纳米类流体的热稳定性。由于烷基和聚乙二醇链段的分解，最大降解速率温度在 300~400℃。与 1810-g-SiO_2的 336℃相比，有序转移到 356℃、337℃、366℃，进一步表明较大的聚乙二醇链分子量具有更高的热稳定性。因此，可以得出结论，聚乙二醇链分子量越大的纳米类流体可以获得更高的热稳定性。

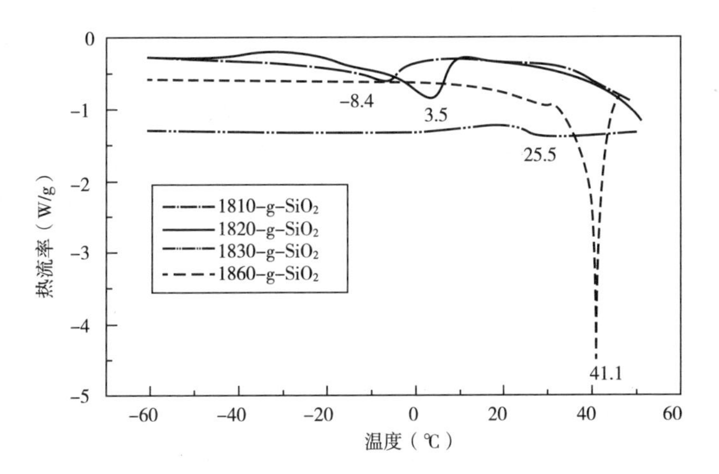

图 3-24　四种类型的二氧化硅纳米类流体的 DSC 曲线

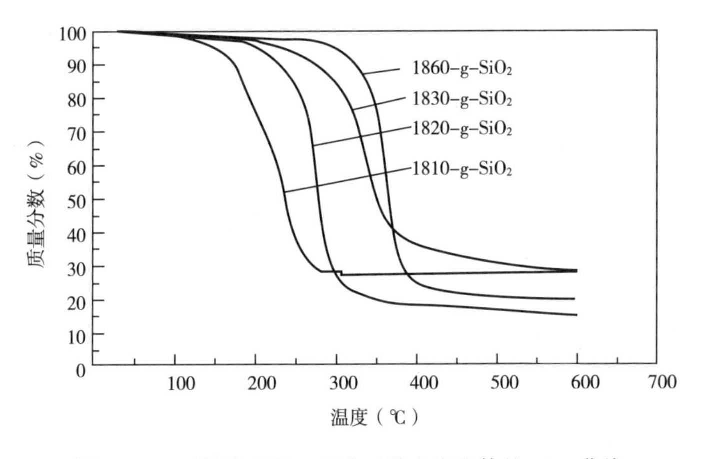

图 3-25　四种类型的二氧化硅纳米类流体的 TGA 曲线

有两个主要因素可以解释具有液体行为的纳米类流体较高的有机含量。第一，二氧化硅纳米颗粒的尺寸非常小，因此 PEG 作为一种具有碱性和空间位阻的支链分子结构，很容易通过与—SO_3^-的离子交换接枝到纳米颗粒表面，防止纳米颗粒的聚集。第二，接枝密度也发挥重要作用。如果接枝密度过低，改性体系对温度的响应不明显，则表现出固体行为。如果接枝密度过高，纳米颗粒将被完全覆盖，这将阻碍纳米颗粒的特性。1810-g-SiO_2和 1820-g-SiO_2具有较好的流动性，但小于 1830-g-SiO_2和 1860-g-SiO_2。然而，1830-g-SiO_2和 1860-g-SiO_2具有较高的接枝密度和高有机含量，表现为软玻璃态，这很可能与较大的聚乙二醇链之间的纠缠以及冠层的固有性质有关。

从图 3-26（a）中可以看出，1810-g-SiO_2和 1820-g-SiO_2在测量的温度范围内表现出黏性行为（$G''>G'$），而 1830-g-SiO_2和 1860-g-SiO_2分别在 27℃和 45℃时出现固—液转变点（$G'=G''$）。在测量的温度范围内，加入 1860 和 1830，显著提高了 1860-g-SiO_2和 1830-g-SiO_2的 G'和 G''，这是由于长分子链和高流动温度之间的纠缠，所以需要更多的能量来移动。当 1860-g-SiO_2和 1830-g-SiO_2移动时，它们需要更多的能量，产生更高的 G'和 G''。由图 3-26（b）可知，1810-g-SiO_2、1820-g-SiO_2和 1830-g-SiO_2的黏度在测试温度范围内缓慢衰减，而 1860-g-SiO_2的黏度在 45℃以上急剧下降。在相同的温度下，纳米类流体的黏度随着冠

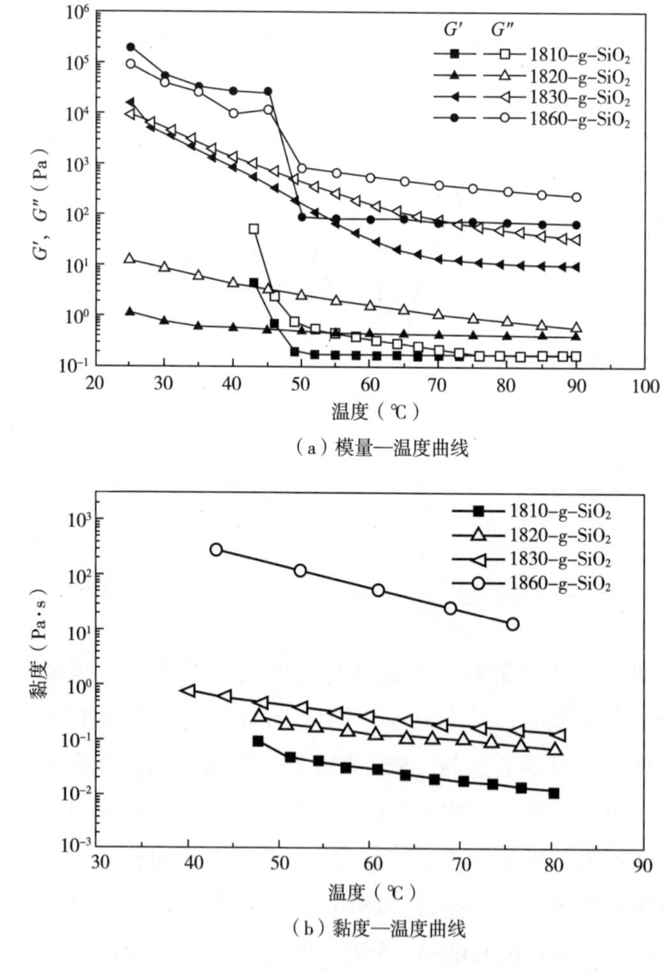

（a）模量—温度曲线

（b）黏度—温度曲线

图 3-26　二氧化硅纳米类流体的模量/黏度—温度曲线

层分子量的增加而升高。1860-g-SiO_2的分子量比其他修饰分子更大。因此，它的黏度大于其他纳米类流体。对于1810-g-SiO_2和1820-g-SiO_2，它们在室温下保持高流动状态，这很可能是由于其接枝密度低、分子量小和有机含量高。在27℃和45℃以下，1860-g-SiO_2和1830-g-SiO_2为固体，但在有机含量高的情况下，它们仍保持高模量和高黏度（$G''>G'$），表明它们可能表现出软玻璃流变现象。四种类型的纳米类流体，1810-g-SiO_2和1820-g-SiO_2接枝层平均厚度只有2.3nm和3.1nm，接枝密度分别为4.6和3.3，厚度不足以填补核心结构之间的干预空间。此外，它们作为润滑剂和溶剂的有机含量非常高。因此，它们在室温下表现得像液体一样。相反，1860-g-SiO_2和1830-g-SiO_2拥有7.3nm和4.7nm的厚有机壳，拉伸的有机分子和高接枝密度分别为10.0和11.4，因此他们显示柔软的玻璃态。

殷先泽等通过氢键自组装法成功制备了GO@ SiO_2杂化类流体。为了进一步分析KH580对GO@ SiO_2-3类流体的流变行为的影响，将KH580的用量从5mL减少至2mL，其他制备条件保持不变，对GO@ SiO_2-3类流体进行模量—角频率扫描，结果如图3-27所示。当KH580的用量为5mL时，GO@ SiO_2-3类流体出现类液体特性，即G'始终小于G''。而当KH580的用量减少至2mL时，在测试的角频率范围内，GO@ SiO_2-3类流体表现为类固体特性，即G'始终大于G''。由于KH580的末端硫醇容易与聚合物的羟基反应生成氢键以进一步吸附更多的聚合物链，因此KH580的减少，导致体系可吸附的聚合物链减少，使GO@ SiO_2-3类流体表现出类固体特性。

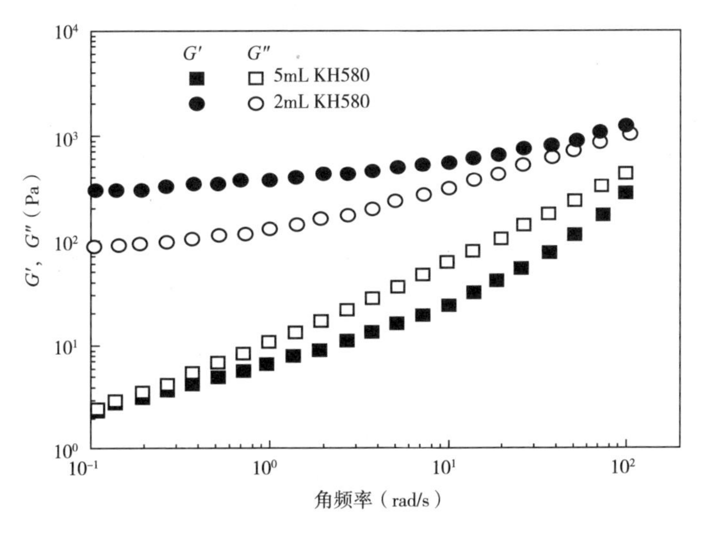

图3-27 不同用量KH580处理的GO@ SiO_2-3类流体的模量—角频率曲线

3.4.2 核层结构对纳米类流体性能的影响

3.4.2.1 核层羟基含量对纳米类流体性能的影响

氧化石墨烯表面高度含氧，表面上有羟基和环氧基，层边缘上有羧基，这些含氧官能团的反应通常是为了引入氧化石墨烯和其他石墨烯材料的表面修饰。在氧化石墨烯类流体的合成过程中，磺酸基首先通过亲核取代与氧化石墨烯的环氧基反应，然后由酸性氧化石墨烯与聚醚胺进行酸碱中和反应生成氧化石墨烯类流体。

刘琛阳等先将GO修饰表面得到含有羟基的GO—OH，然后进行接枝反应，并且通过添加10%的末端嵌段共聚物M2070（聚醚胺）进行滴定实验，同时监测pH，在不同的pH停止滴定。通过在滴定过程中改变终点pH获得了不同GO—OH核心浓度的纳米类流体（图3-28）。研究结果表明：即使固体含量质量分数为11.6%，在等价点处的GO—OH~NIM（pH=6.3）在室温下也表现出一定的流动性。随着GO—OH质量分数的进一步增加，NIM逐渐变为固体样，G'和G''与频率无关。这些结果表明了离子相互作用对增强GO—OH纳米类流体流动性的重要性。离子相互作用的存在也显著干扰了M2070的结晶/熔化行为，即M2070的结晶温度降低，随着GO—OH含量的增加，GO—OH~NIM在加热过程中出现了冷结晶过程。

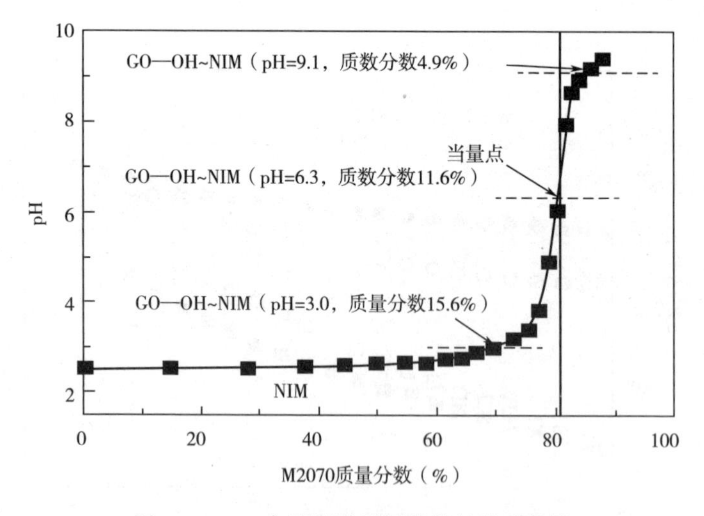

图3-28　pH与聚醚胺质量分数的关系曲线

3.4.2.2 核层粒子粒径对纳米类流体性能的影响

林（Lin）等首先将KH560和M2070反应后的产物作为外有机链，然后将不同粒径的SiO_2-x（x为120nm、220nm和380nm）制备得到了类液体有机纳米材料。研究表明，在相同的填料载荷下，CO_2的渗透率随粒径的增大而减小。N_2的渗透率也有类似的趋势。在相同的填充量下，粒径较大的新型类液态纳米颗粒有机杂化材料（NOHM）数量较少。因此，随着粒径的增加，相互作用位点（亲CO_2的EO）相对较少。即在相同的填料载荷下，更多的亲CO_2部分分散在混合基质膜（MMM）的不同位置，核心尺寸更小。这可以通过气体的吸附行为来反映，在相同的填料载荷下，具有较小核的NOHM表现出更强的CO_2吸附能力。在相同的填充量下，中等核尺寸（NOHM-220）的MMM的CO_2/N_2选择性最低。这是由于选择性是CO_2渗透率与N_2渗透率的比值。如上所述，柔性EO段和硅颗粒的引入都有利于气体的渗透，因此CO_2和N_2的渗透率呈上升趋势。同时，不同粒径的NOHM的有机分子链并不相同。

殷先泽等通过氢键自组装法制备了GO@SiO_2杂化类流体，其中SiO_2的粒径大小分别为10nm、20nm和30nm。如图3-29所示，G'和G''随着GO@SiO_2杂化类流体的质量分数和角频率的升高而升高。在所测试的角频率范围内，GO@SiO_2-3类流体和GO@SiO_2-2类流体的G''始终高于G'，表明它们表现类液体行为；而GO@SiO_2-1类流体的G'始终高于G''，表明它具有类固体特征。GO@SiO_2-1类流体在低频区出现平台模量，这是由石墨烯片层网络结构的形成所造

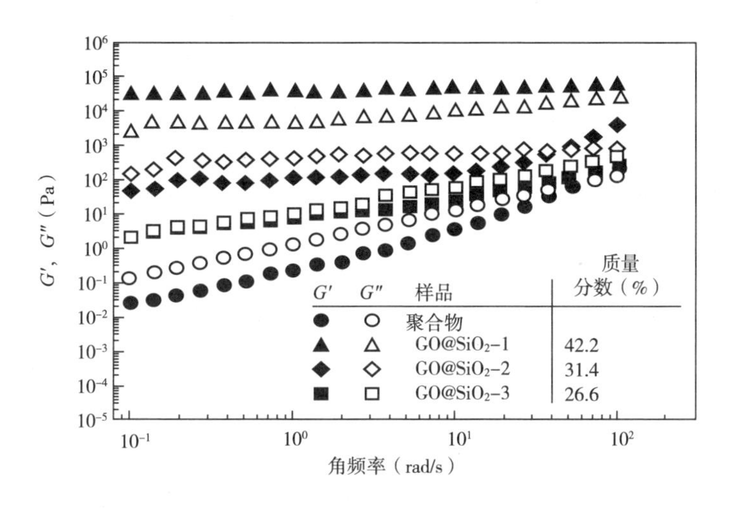

图3-29 不同GO@SiO_2类流体的模量—角频率曲线（KH580为5mL）

成的。上述结果证明了嵌段共聚物作为“溶剂”对 GO@ SiO_2杂化类流体的流动性起到了重要作用。

3.5 本章小结

本章详细介绍了无机纳米类流体的合成方法、分类以及核—壳结构对其性能的影响。在合成方法方面，本章介绍了四种无机纳米类流体的合成方法，包括离子交换法、酸碱中和法、氢键自组装法和共价键法。这些方法能够对有机分子链与纳米粒子表面进行修饰，形成稳定的纳米类流体。

根据核心组分，本章将无溶剂无机纳米类流体分为基于单组分核心和基于多组分核心两类。单组分核心包括金属、金属氧化物、金属硫化物纳米类流体、多金属氧酸盐纳米类流体、无机碳材料纳米类流体等。基于多组分核心的无溶剂纳米类流体则显示出更为丰富的性质，可以通过组合不同核心种类和有机分子层来获得各种功能的无溶剂纳米类流体。无机纳米粒子的核心与有机分子链壳层之间的相互作用影响了纳米类流体的分散性、稳定性和流变性质。核层结构的不同特点，如核层羟基含量和核层纳米粒子粒径，也会对纳米类流体的性能产生影响。

综合而言，无机纳米类流体作为具有广泛应用前景的材料，其合成方法、核—壳结构和性能关系等方面的研究都是当前热门的研究领域。通过对这些方面的深入研究，可以为无机纳米类流体的设计、调控和应用提供更多的理论支持和实验指导。

第4章 高聚物纳米类流体

高聚物是由许多重复单元（单体）通过化学键连接而成的大分子化合物。相对于低分子量化合物，具有较高的分子量和更复杂的结构。这些重复单元在高聚物中形成长链结构，因此高聚物也被称为聚合物。

4.1 高聚物材料介绍

4.1.1 壳聚糖

天然高分子由于分子量大、分子链长、极性大等结构特性使其分子间的作用力强，在温和条件下难以溶解。近几十年来，壳聚糖（CS）由于其优良的抗菌性能、生物可降解性以及生物相容性而引起了广泛关注。作为一种广泛存在的天然聚合物，壳聚糖已应用于化妆品业、水处理、金属萃取和回收、生物化学以及生物工程等领域。然而，壳聚糖在中性水溶液和有机溶剂中表现出很低的溶解度，只溶于稀盐酸溶液和乙酸水溶液，这严重限制了它的应用。此外，在干燥壳聚糖溶液后，完全去除酸也是一项艰巨的任务。鉴于此，已有多种物理和化学方法应用于提高壳聚糖在中性水溶液中的溶解度。酒井（Sakai）等首次发现壳聚糖易溶于通有碳酸气体的中性水溶液，这避免了需要在干燥溶液后除酸的难题。巴达维（Badawy）等使用季铵盐修饰壳聚糖获得了可溶于水的壳聚糖衍生物。基于上述方法，朱（Zhu）等合成了一系列以引入季磷盐为主的壳聚糖衍生物，提高了壳聚糖在中性和碱性水溶液中的溶解度。在大多数情况下，这些水溶性壳聚糖材料及其衍生物可以用作纺织涂料以改善纤维织物的力学性能和防潮性能，但在膜的形成过程，去除水和化学交联点仍然比较困难。壳聚糖及其衍生物在不溶时表现出固体般的特性，不能在室温下流动。在材料加工领域，壳聚糖及其衍生物材料加工温度较高，同时其熔融温度高于其分解温度，并且加工温度会因黏均分子量的不同而不同。高温熔融过程中黏度不稳定、易分解等不利于加工成形的缺点，也使壳聚糖衍生物的加工在一定程度上受限。因此开发无溶剂条件下具有低黏度、抗高温等特性的壳聚糖材料尤为必要，从而解决壳聚糖材料不能与其他聚合物熔融共混的加工缺陷。

4.1.2 海藻酸盐

海藻酸盐，来源于海洋褐藻，是一种线性多糖共聚物，由（1→4）连接的β-d-甘露糖醛酸（M 单位）及其 C-5 差向异构体 α-l-古洛糖醛酸（G 单位）组成。由于丰富的资源和有用的特性，包括固有的阻燃性和生物相容性，它在食物、化妆品、纺织工业、生物和医学领域表现出广泛的应用前景。然而，海藻酸盐溶液通常在相当低的浓度下表现出高比黏度，并在质量分数在 7.6%~8.0%下经历溶胶—凝胶转变。童（Tong）等的研究表明海藻酸钠水溶液中的物理凝胶化主要是由大分子重复单元之间的相互作用引起的。分子内和分子间的氢键相互作用在重复单元之间起着关键作用。因此，高黏度和低加工效率阻碍了海藻酸盐的工业应用，而流动性的提高是解决这一问题的关键。

4.1.3 淀粉纳米晶

淀粉是植物经过光合作用合成的产物，存在于高等植物的果实、种子、块根、块茎中。淀粉是 α-D-葡萄糖经脱水缩合形成的多糖，由于葡萄糖单元连接方式的不同，分为直链淀粉和支链淀粉。直链淀粉是线形聚合物，在微观下呈现双螺旋结构，带有 H 原子的部分位于螺旋的内侧，富含羟基的部分分布于螺旋的表面。支链淀粉是高度支化的分子，在淀粉中占比较大，其末端的羟基会通过氢键形成束簇结构，其中的长链淀粉会相互靠拢，支化点位于束簇内部，外部和直链淀粉结构类似，会形成双螺旋结晶，阻碍水分子的进入。天然淀粉颗粒结构分为支链淀粉有序排列构成的结晶区和直链淀粉构成的无定形区，直链淀粉和支链淀粉含量及结构与淀粉的来源息息相关，同时提取条件对淀粉无定形区、结晶区有不同程度的破坏。天然淀粉大多呈颗粒状，淀粉颗粒间存在的氢键网络使淀粉很难溶解于水和其他有机溶剂，并且淀粉与聚合物基体相容性差，会在聚合物基体中团聚成块，在聚合物基体中的分散难以控制。

4.1.4　纤维素纳米晶

纤维素在自然界中分布广泛，属于天然绿色环保的可再生资源。随着石油的开采，煤炭的挖掘，不可再生资源逐渐减少，绿色可再生资源替代不可再生资源显得尤为必要。

纤维素主要由碳、氢、氧三种元素组成，纤维素分子富含羟基，分子内和分子间存在强烈的氢键相互作用，通常表现为结晶度极高的聚集态结构，使纤维素具有高刚性、质硬的特点。而简单的元素组成使其具有密度低、比强模量高、比强度高、可降解以及生物相容性良好等特点。另外，氢键赋予了纤维素吸水性、亲水性、自组装性、化学反应性等。这一系列优势使其被普遍应用于工程材料、复合材料增强剂、医用材料、食品添加剂、造纸原料、涂料添加剂、地板原料等领域。另外，纤维素常被工业上作为制备乙醇、丙酮、乙酸等的化工原料，可见纤维素应用的广泛。但是，纤维素表面呈现亲水性，且羟基多，不经处理则很难用于增强疏水性聚合物。随着纳米技术的发展，纳米技术逐渐渗入研究纤维素的领域，纤维素纳米晶随之诞生。纤维素纳米晶一般采用酸水解法制备，除此之外还有机械研磨法。纤维素纳米晶一般为纳米级棒状结构，不仅保留了纤维素的基本化学结构以及高强度、结晶度等性质，还具有小尺寸、高比表面积、高纯度、高亲水性、高透明度、高反应活性等特点。另外，纤维素纳米晶还具有三个应用优势，第一，其表面丰富的羟基，有利于将其制备成亲水性材料，从而扩大纤维素的使用范围；第二，相比于传统纤维素作为添加剂改性聚合物，纤维素纳米晶作为添加剂时，比表面积大，作用率高，提高了生物质纤维素的利用率；第三，纤维素纳米晶可分散于水中呈稳定的胶体，这一特性使纤维素的改性摒弃了传统的复杂有机溶剂、离子液体或碱性水溶液等体系，改性媒介仅为水，使改性的过程更加环保绿色，避免了环境污染。

在加工领域，大多数天然高分子由于结构特性而没有热塑性，其材料成型加工温度也较高，并且天然高分子的分子量具有多分散性，加工温度会随着黏均分子量的不同而不同，这带来了加工上的困难。天然高分子的分子链上一般拥有极性基团，可以对其进行改性制备各类衍生物，但是并没有完全解决天然高分子的溶解难题以及在加工领域的缺陷。

4.1.5　魔芋葡甘聚糖纳米晶

魔芋是一种多年生的草本植物，在世界范围内分布广泛，已知的魔芋种类多达26种，而中国就存在10余种，同时，中国也是魔芋的生产大国。魔芋是淀粉、纤维素之后的另一天然多糖。魔芋葡甘聚糖（KGM）的结构单元是D-甘露糖和D-葡萄糖，两者通过β-1,4糖苷键连接，主链上存在经-1,3糖苷键连接的支链，其位置是在甘露糖上的C3位，并且支链上存在以酯的形式连接的乙酰基，大约每19个糖残基有一个。KGM的晶体结构存在α非晶型和β结晶型，KGM的来源十分丰富，例如白魔芋、花魔芋等，不同的植物中所提取的多糖长链中甘露糖和葡萄糖的比例均不同。KGM分子链上羟基和乙酰基的存在可以用来进行化学改性，进而改善KGM本身溶解度低、溶胶稳定性差等缺陷，扩大其应用范围。黄锦等采用硫酸制备KGM纳米晶，发现随着水解天数的增加，水解粒子的中间尺寸越来越小，但是水解天数为8天时，中间尺寸变大，最后确定制备KGM纳米晶的最佳时间为7天。汪师帅等对硫酸水解制备酸解KGM微晶的影响因素进行了研究，包括魔芋粉的品种、KGM的分子量及其分布、KGM的脱乙酰度、反应时的温度等。目前，关于KGM纳米晶的制备过程以及应用方面的报道还不多。

近年来，研究人员开发了新型离子液体来溶解高分子，此方法稳定性好，溶解能力强，应用领域广，已经成为高分子加工的新技术。但是目前溶解的高分子并不广泛，比较成功的仅限于纤维素、丝蛋白、羊毛角蛋白等，对天然高分子材料没有普适性，而且离子液体成本高，回收困难，离子液体研究工作仍有待发展。天然高分子材料工业化的关键问题是怎样有效降低聚合物黏度，控制有机或无机填料在高分子材料中的界面作用、分散性。在这一背景下，聚合物的改性技术迎来了新的契机，开发新的改性技术来制备低黏度、分散性好的聚合物粒料，对于解决天然高分子在加工领域面临的问题能起到潜在作用。

生物大分子，如核酸、蛋白质和病毒颗粒，是持久的分子实体，其尺寸超过分子间力的作用范围，因此在加热时通过热诱导的键断裂而降解。因此，对于这类分子，液相的缺失可以看作是一种普遍现象。然而，某些通常与物质的液态有关的有利特性，如可加工性、流动性或分子流动性，是生物大分子在无溶剂环境中非常受欢迎的特征。它们可以通过与含有柔性长链的表面活性剂进行静电络合，然后脱水进行制备，制备过程较为方便。

有机高分子，聚吡咯（PPy）、聚苯胺（PANI）和聚苯硫醚（PPS）都是重要的聚合物。共轭导电高分子PPy的共轭长链结构使其难溶解在水或有机溶剂中，并且在高温下不能熔融。PPy这种不熔的性质导致其分散性和加工性差，限制了其应用。采用柔性有机长链质子酸对PPy进行掺杂，在PPy的共轭刚性长链上引入柔性侧链，使 PPy 大分子在室温条件下呈现出可流动的状态，这对提高 PPy 的加工性能有重要意义。对 PANI 来说，第一，由于宏观和微观结构的异质性，PANI 中存在大量的缺陷。这些缺陷使其结晶相和非晶相共存，导致 PANI 性能重复性差。第二，由于存在刚性骨架和强氢键，PANI 具有较高的流动活化能和熔点，使其在熔化前普遍分解。此外，PANI 分子之间的强氢键导致其在溶剂中的溶解度较差，因此加工性较差。第三，PANI 的电导率不够高，不足以满足高性能光电器件的要求。目前，要注重改进合成和掺杂过程，以调整其微观结构、能量性质和电导率，并提高其加工性能。PPS 分子链的强刚性使其脆性大、抗冲击韧性不高，抗冲击性能不强，还存在高温熔融过程中黏度不稳定、易氧化交联而不易于加工成形的缺点，从而使 PPS 的加工在一定程度上受限。

4.2　高聚物纳米类流体的制备方法

高聚物纳米类流体的常见制备方法与无机纳米类流体基本相同，包括离子交换法、酸碱中和法、氢键自组装法、共价键法和掺杂法，详见第 3 章 3.1。与无机纳米类流体的制备方法不同的是增加了掺杂法。掺杂法制备高聚物纳米类流体主要有两种。一种以聚氧乙烯醚离子表面活性剂为掺杂剂，利用大分子功能质子酸进行掺杂，这种高分子长链既可以作为掺杂剂，起到分散增溶的作用，又能接枝到纳米粒子表面，作为类流体的功能化外层，从而制备得到无溶剂纳米类流体。该种方法主要应用于导电高分子，目前制备出了聚苯胺、聚吡咯类流体；另一种属于直接掺杂，将聚氧乙烯醚类胺掺杂于海藻酸钠水溶液中，然后经透析干燥处理制备了海藻酸钠类流体。掺杂法制备的无溶剂纳米类流体一般不需要进一步纯化，反应过程易于控制。

4.3　高聚物纳米类流体的分类

根据原料的类型，将无溶剂纳米类流体分为三类：天然高分子制备无溶剂纳米类流体、生物大分子制备无溶剂纳米类流体和石油基难溶有机高分子制备无溶剂纳米类流体。

4.3.1 天然高分子制备无溶剂纳米类流体

4.3.1.1 壳聚糖类流体

翁普新等采用不同方法制备了壳聚糖类流体。第一种是通过离子交换反应得到离子键合壳聚糖类流体，制备流程如图 4-1 所示。首先，在壳聚糖分子侧基的氨基官能团上接枝 2,3-环氧丙基三甲基氯化铵，然后用 NPES 进行离子交换，制备了一种具有类液行为的自悬浮壳聚糖衍生物。所得到的壳聚糖类流体在室温下无溶剂时表现出类液行为，并在水溶液中表现出显著的分散性。但是几乎不溶于有机溶剂，这跟以往由无机颗粒制备的类流体性质大不相同。

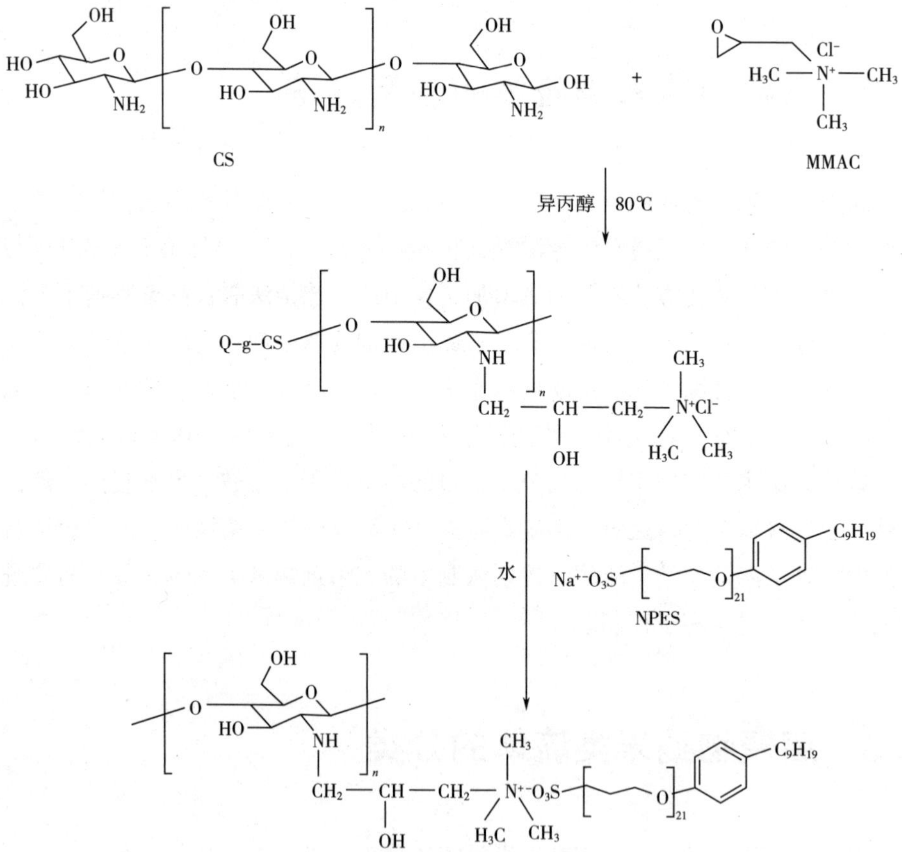

图 4-1 离子键合壳聚糖类流体的制备过程

第二种是通过酸碱中和反应得到共价键合的壳聚糖类流体。合成的步骤如

图4-2所示：以N-羧甲基壳聚糖（N-CMC）为原料，通过亚硫酰氯与羧基进行取代反应，制备高活性的壳聚糖衍生物，然后用酰氯化的壳聚糖与聚氧乙烯醚胺M1830进行酸碱中和反应，得到共价键合的壳聚糖类流体。通过本方法制备共价键合壳聚糖类流体，其溶解性得到极大的提升，能溶于水及一般有机溶剂，在26℃以上具有流动性，在26℃以下具有固体弹性，表现出了明显的固液转变。程（Cheng）等采用同样的方法制备羧甲基壳聚糖类流体。将N-羧甲基壳聚糖与聚乙二醇（PEG）取代的叔胺[$C_{18}H_{37}N(CH_2CH_2O)_nH(CH_2CH_2O)_mH$（$m+n=10$）]（M1810）进行酸碱中和反应，从而制备共价键合的类流体。袁（Yuan）等也采用同样的方法制备了一系列共价键合的类流体。包括不同的链长：聚乙二醇（PEG）取代叔胺[$C_{18}H_{37}N(CH_2CH_2O)_nH(CH_2CH_2O)_mH$]，称为PEG-STA-10、PEG-STA-15、PEG-STA-20。结果表明，长分子链使系统的宏观流动性较差。

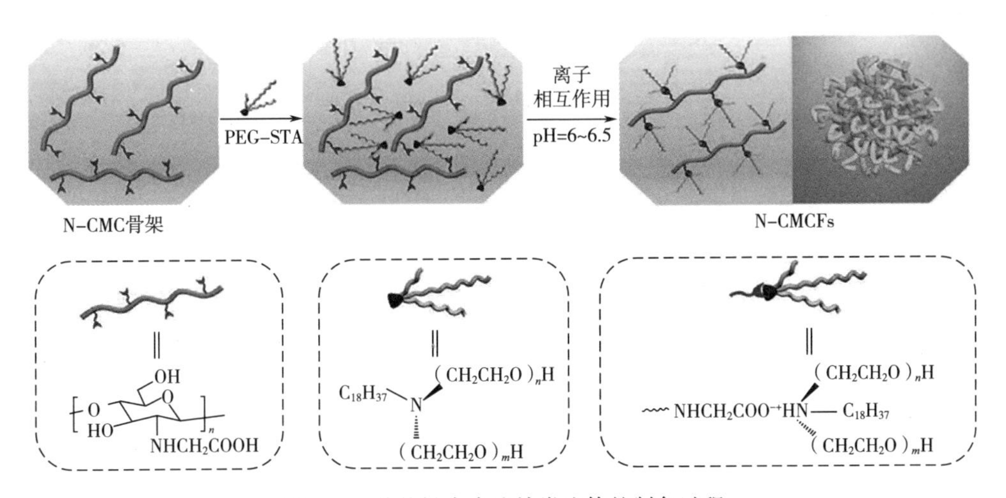

图4-2　共价键合壳聚糖类流体的制备过程

4.3.1.2　纤维素微晶及纳米晶类流体

黎云采用共价键法制备了纤维素微晶类流体。首先将氢氧化钠溶解在异丙醇水溶液中，加入纤维素微晶，然后加入氯乙酸溶液将溶液的pH调整到6~7，然后用85%乙醇水溶液过滤并干燥，得到羧甲基纤维素。随后，将聚乙二醇取代的叔胺M1830接枝到微晶纤维素中，合成了具有类液体行为的无溶剂纤维素微晶类流体。

翁普新采用共价键法制备了微晶纤维素类流体。首先对微晶纤维素进行碱化反应，再进行醚化反应制备羧甲基微晶纤维素，然后用亚硫酰氯使羧基酰氯化，接着将所得产物与 M1830 进行酸碱中和反应制备共价键合纤维素微晶类流体。通过该种方法能成功制备出溶解性能优异、流动性好的高聚物类流体。

申晖采用离子交换法合成了以纤维素纳米晶为核心、DC5700 和 NPES 为壳层，由双层有机离子链组成的无溶剂纤维素纳米晶类流体，制备过程如图 4-3 所示。

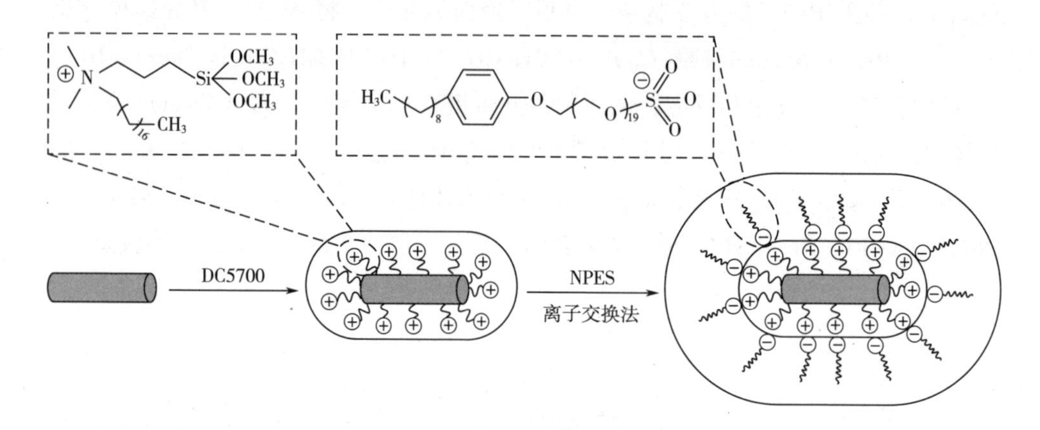

图 4-3　离子交换法纤维素纳米晶类流体的制备过程

张（Zhang）等将长侧臂附着在被囊动物衍生的平均直径为 20nm 的纤维素纳米晶（TCNC）上，制备了无溶剂超分子液晶。侧臂通过在带电有机硅烷 DC5700 表面缩合接枝，然后与 NPES 进行离子交换反应，制备了纤维素纳米晶类流体，如图 4-4 所示。

4.3.1.3　海藻酸钠类流体

桑（Sang）等以功能化聚氧乙烯醚叔胺和海藻酸盐的酸碱中和反应法制备了海藻酸钠类流体（图 4-5），该类流体在无溶剂、室温下表现出良好的流动性。

4.3.1.4　淀粉类流体

于乔以改性淀粉为核，聚氧乙烯醚叔胺 M1820 为壳，通过羧甲基化和酰基化反应，制备了高分散的淀粉共价型纳米类流体，如图 4-6 所示。

4.3.1.5　KGM 纳米晶类流体

陈秀玲等采用 KGM 为核心、DC5700 为颈层、NPES 为冠层，通过离子交换法将 DC5700 接枝到 KGM 纳米晶表面上，与 NPES 进行离子交换，制备 KGM 纳米晶类流体，如图 4-7 所示。

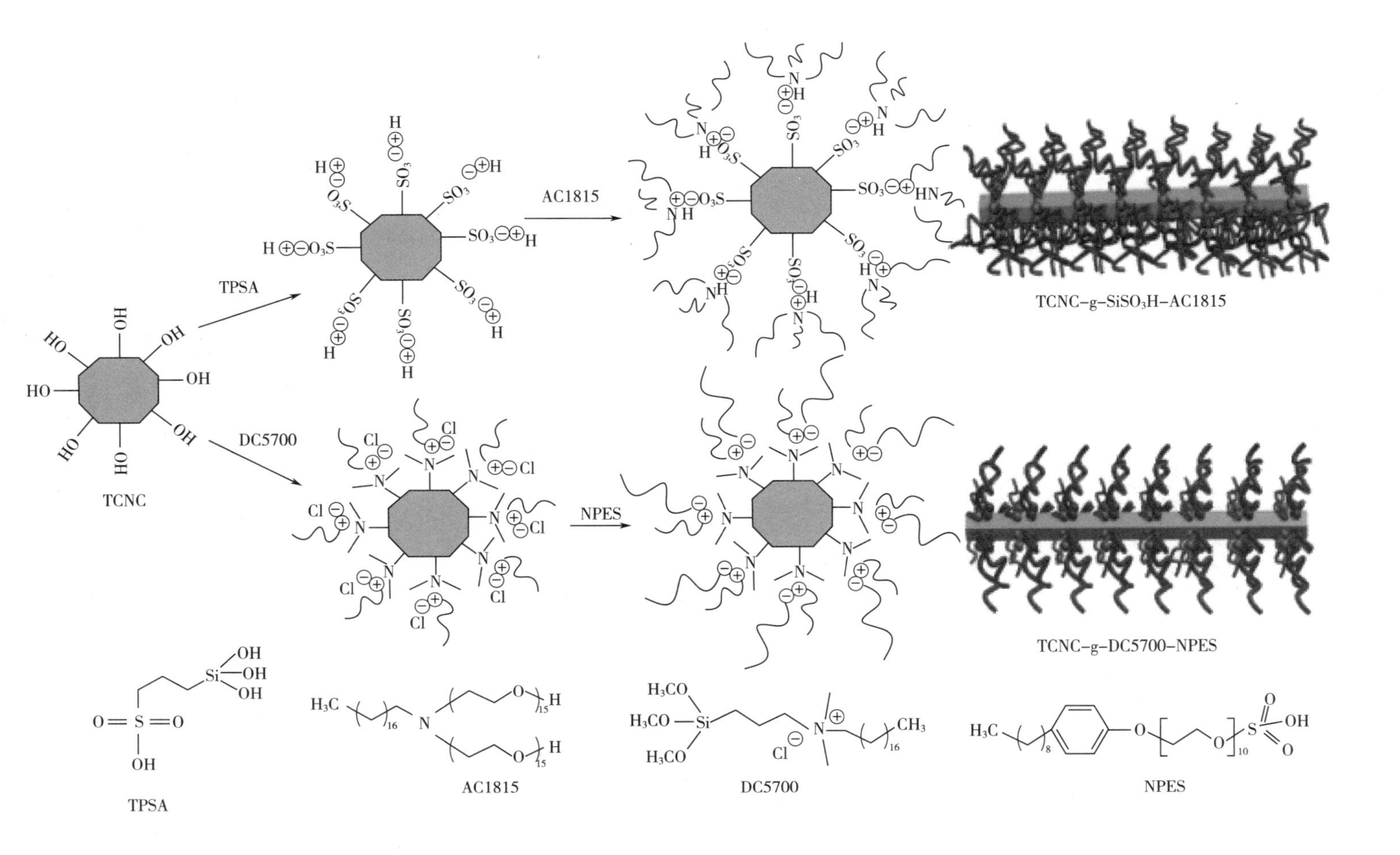

图 4-4　纤维素纳米晶类流体的制备过程

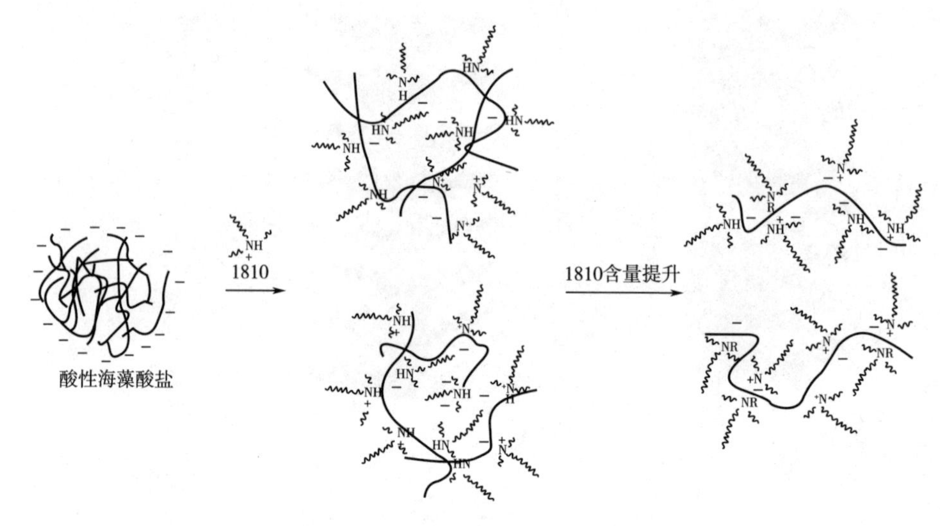

图 4-5　海藻酸钠类流体的制备过程

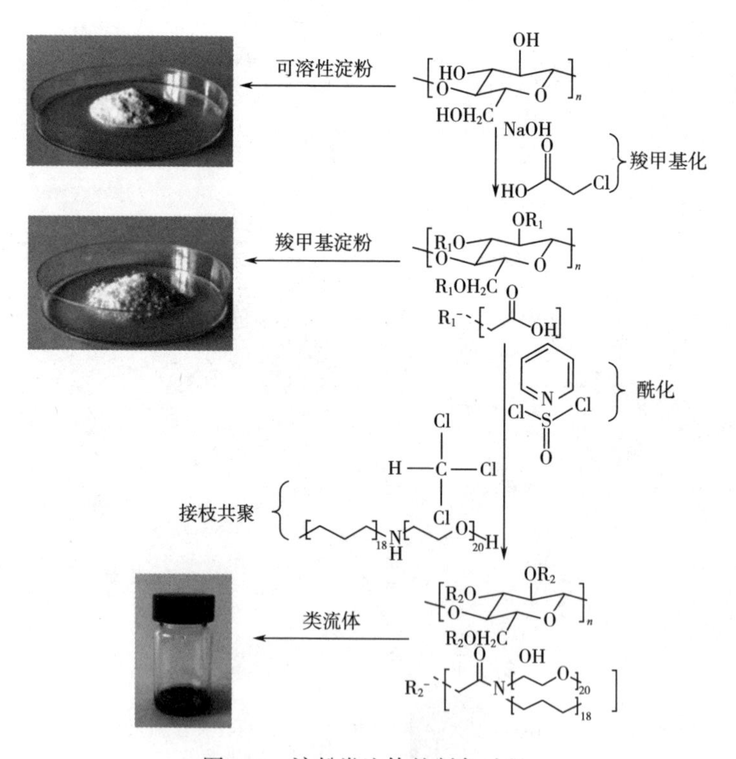

图 4-6　淀粉类流体的制备过程

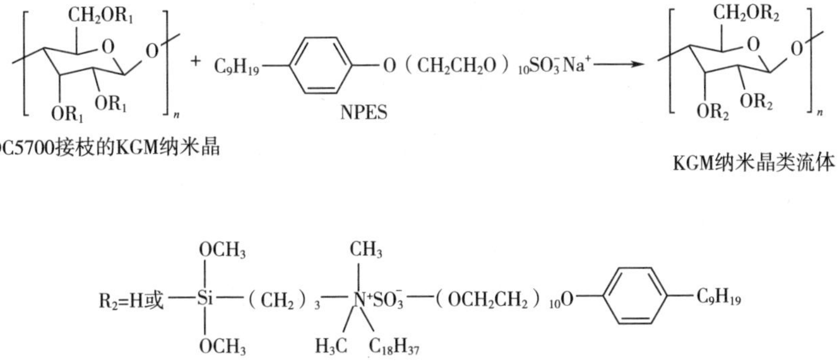

DC5700接枝的KGM纳米晶 + C_9H_{19}—⟨苯环⟩—O（CH_2CH_2O）$_{10}SO_3^-Na^+$ (NPES) ⟶ KGM纳米晶类流体

R_2=H或 —Si(OCH_3)(OCH_3)—（CH_2）$_3$—N^+(CH_3)(H_3C)($C_{18}H_{37}$)SO_3^-—（OCH_2CH_2）$_{10}$O—⟨苯环⟩—C_9H_{19}

图 4-7　KGM 纳米晶类流体的制备过程

4.3.2　生物大分子制备无溶剂纳米类流体

4.3.2.1　DNA 类流体

阿萨尼奥斯（Athansios）等制备 DNA 自悬浮生物大分子类流体。这种 DNA 自悬浮生物大分子类流体先是通过 NaOH 将核酸转变为钠盐，再与 PEG 功能化的季铵盐进行离子交换制得。

4.3.2.2　蛋白质类流体

佩尔曼（Perriman）报道了基于蛋白质的类流体，合成方法如下：用 DMPA 与铁蛋白反应，使其带正电荷；然后与 NPES 进行离子交换得到最终产物，如图 4-8所示。

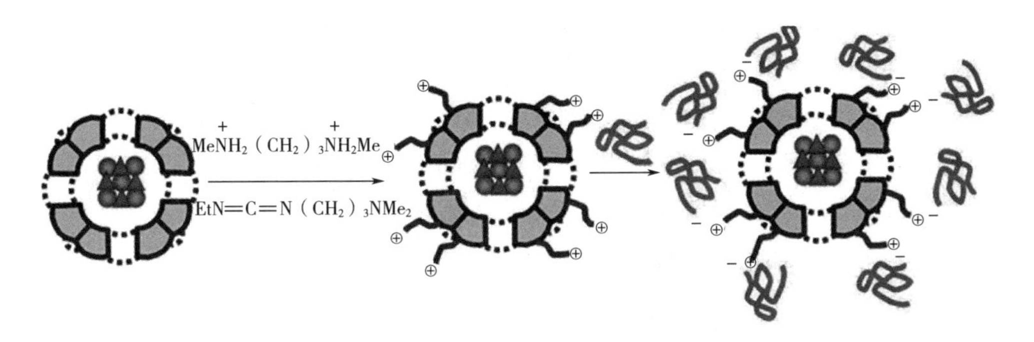

图 4-8　蛋白质类流体的制备过程

4.3.3 石油基难溶有机高分子制备无溶剂纳米类流体

4.3.3.1 聚吡咯类流体

洪婕等选用不同掺杂剂制备无溶剂聚吡咯类流体。一种是4-壬基酚聚氧乙烯醚乙酸（GAE），是一种长链质子酸，其分子式为$C_9H_{19}—C_6H_4—(OCH_2CH_2)_7OCH_2COOH$。以GAE作为聚吡咯合成过程中的掺杂剂，可以在聚吡咯链上引入有机柔性的长支链，制备出室温下可流动的聚吡咯类流体。另一种是NPES，是一种带有柔性链段的长链分子，其分子式为$CH_3(CH_2)_8—C_6H_4—(OCH_2CH_2)_{10}—OSO_3Na$。使用比分子链更加长的柔性有机质子酸即酸化的NPES对聚吡咯进行掺杂，也能制备在室温无溶剂条件下可流动的聚吡咯类流体。

4.3.3.2 聚苯胺类流体

王颖等采用原位聚合制备了NPES掺杂的聚苯胺类流体，虽然室温下呈可流动性，但是流动性能测试表明其具备类固体的行为。汪越等取适量NPES溶解在蒸馏水中，加入苯胺单体（经两次提纯后），然后一同加入三口烧瓶中机械搅拌均匀。搅拌半个小时后，再分批加入过硫酸铵，在冰水浴中反应一定时间之后，加入少量丙酮终止反应，抽滤。将滤液倒入透析袋内循环水透析三天，然后将透析袋内的试样置于真空干燥箱内干燥，得到聚苯胺类流体。黄（Huang）等用有机长链磺酸NPES$[CH_3(CH_2)_8C_6H_4(OCH_2CH_2)_{10}OCH_2CH_2CH_2SO_3H]$作为掺杂剂，在聚合过程中，有机长链磺酸离子作为阴离子外挂在聚苯胺分子链上，采用透析的手段一步掺杂成功制备出室温下可流动的自悬浮聚苯胺类流体。刘志康等以有机长链烷基甲苯磺酸（ATS）、有机长链烷基二甲苯磺酸（ADBS）、有机长链重烷基苯磺酸（HABS）分别作为掺杂剂，成功制备出在一定的温度范围内兼具较好流动性和导电性的无溶剂聚苯胺类流体。高（Gao）等在苯胺单体聚合过程中，使用含有聚乙二醇段的NPES的长链质子酸作为掺杂剂合成了无溶剂自悬浮聚苯胺（S-PANI）类流体。

4.3.3.3 聚苯硫醚类流体

殷先泽等制备了一种聚苯硫醚类流体。将聚苯硫醚进行磺化处理，接枝磺酸基团（$—SO_3H$），然后通过磺化聚苯硫醚的磺酸基团与十八叔胺的氨基（$—NH_2$）进行酸碱中和反应，以此来改性聚苯硫醚，得到聚苯硫醚类流体，具有在低温下流动性高、化学和尺寸稳定性好等优点。

4.4　高聚物纳米类流体的结构与性能研究

4.4.1　化学键结合方式对高聚物纳米类流体性能的影响

组成有机壳结构的成分具有多样性，构建核—壳结构的方法不一，因此可以通过调节有机分子链的链长、功能基团、表面接枝密度以及核—壳化学键结合方式得到流变性、结晶性等性能不一的纳米类流体体系。

为了研究两种不同化学键的结合方式、表面接枝密度对制备的纳米类流体的流变行为与性能的影响，采用以纳米粒子为核心，有机双分子层为壳层，通过离子交换、酸碱中和反应制备出具有类液体行为和结构可控的天然高聚物纳米类流体。选择两种不同季铵盐柔性长链［2,3-环氧丙基三甲基氯化铵或二甲基十八烷基（3-三甲氧基硅丙基）氯化铵］，它们具有相同的官能团，但烷基链的长度和数量不同，然后用 NPES 进行离子交换，可以制备离子键合天然高聚物纳米类流体。选择聚氧乙烯醚胺 M1810、M1820、M1830（分子结构相似，但分子量不同）进行酸碱中和反应，可以得到共价键合天然高聚物纳米类流体。翁普新通过对壳聚糖进行季铵盐阳离子化，然后使用离子交换法成功制备离子键合壳聚糖类流体，X 射线光电子能谱（XPS）、X 射线衍射仪（XRD）、DSC、FTIR、TEM 等测试结果表明使用离子交换法能成功制备性能优异的离子键合纳米类流体，其室温下具有流动性，水溶性好，具有吸湿性和保湿性，还具有抗菌性，但是几乎不溶于有机溶剂，这跟以往由无机纳米颗粒制备的类流体性质大不相同。此方法制备类流体所需的反应条件温和，对于含有羟基的天然高聚物具有可实行性，并且环保无污染。此外，通过对羧甲基壳聚糖表面的羧基进行酰氯化使其具有高反应活性，再与 M1830 进行酸碱中和反应得到共价键合的壳聚糖类流体，DSC、TEM、FTIR、TGA 测试结果表明，通过该方法能成功制备出性能优异的高聚物纳米类流体。此方法过程复杂，反应条件苛刻。通过此方法制备的共价键合壳聚糖类流体，其溶解性能得到极大的提升，能溶于水及一般有机溶剂，在 26℃ 以上具有流动性，在 26℃ 以下具有固体弹性，表现了明显的固—液转变。通过对其结晶性能的研究，发现在合适的条件下，接枝的聚氧乙烯醚叔胺能诱导壳聚糖生成球晶，杂质、外界应力能对壳聚糖的晶体形态产生显著的影响。结果表明：通过对比由两种不同化学键结合的方法制备的壳聚糖类流体的流变性能和溶解性能，发现改变化学键结合方式能影响高聚物纳米类流体的溶解性能，而高聚物纳米类流体的流动性可以通过调节柔性有机长链来改变，说明高聚物的溶解性能受到共价接枝长链的影响，共价键结合的方式强烈影响了分子链的运动。

4.4.2 壳层柔性链结构对高聚物纳米类流体性能的影响

有机分子链可以影响纳米粒子的分散性、相互作用、稳定性等，从而影响纳米类流体的性质和应用。

袁（Yuan）等制备了一系列共价键合的类流体，包括 PEG-STA-10、PEG-STA-15、PEG-STA-20。结果表明，N-CMCFs-10 表现出凝胶样行为，而原始的 N-CMCFs、N-CMCFs-20 和 N-CMCFs-15 在室温下表现出固体样行为。PEG-STA-15 和 PEG-STA-20 的分子链比 PEG-STA-10 长，由于空间位错效应，分子不能均匀密集地接枝到多糖分子表面。当多糖分子彼此接近时，会阻碍多糖分子之间的相对滑移。此外，长分子链一些链段之间纠缠在一起或通过规则折叠在局部范围内的晶体结构使系统的宏观流动性较差。经低分子量 PEG-STA-10 链修饰的 N-CMCFs 表现出较低的熔化温度。用流变学测定法研究了 N-CMCFs-10 的流变行为。在整个测量频率范围内，PEG-STA-10 表现出凝胶样行为（$G' \approx G''$），N-CMCFs-15 表现出固体样行为（$G' > G''$），而 N-CMCFs-10 样品的 G'' 高于 G'，表明存在液体样行为。N-CMCFs-10 的 G' 和 G'' 随着温度的升高而降低，在 26℃ 处出现固—液转变点（$G' = G''$），在此点上表现出类液体行为。当温度超过 26℃ 时，N-CMCFs-10 开始熔化，并表现出类似蜂蜜的流动行为。然而，在 PEG-STA-10 中并没有观察到类似的行为。这些结果表明，N-CMCFs-10 的流动行为与 PEG-STA-10 链段的长度有关。N-CMCFs-10 还表现出良好的热稳定性。

桑（Sang）等开发了一种在无溶剂的情况下通过海藻酸盐和 PEG 取代的叔胺$(C_{18}H_{37})N[(CH_2CH_2O)_mH][(CH_2CH_2O)_nH]$的一步酸碱中和反应制备海藻酸盐类流体的简便方法。包括不同链长的 M1810、M1820、M1830 和 M1860（$m+n=10, 20, 30, 60$）。海藻酸盐类流体的流动性可以通过 PEG 的链长、温度、PEG 取代的叔胺的质量比和海藻酸盐的分子量来调节。低分子量官能化海藻酸盐在室温下表现出优异的无溶剂类流体性能，而对于高分子量，酸碱中和反应相分离结构中的凝胶状沉淀尽管缺乏无溶剂流动性，但表现出明显的剪切稀化性能和较高的固含量。

4.4.3　不同掺杂剂对高聚物纳米类流体性能的影响

采用柔性有机长链质子酸对有机高分子进行掺杂，在有机高分子的共轭刚性长链上引入柔性侧链，使有机高分子在室温的条件下呈现出可流动的状态。

洪（Hong）等在制备聚吡咯类流体过程中选择不同的掺杂剂，一种是 GAE 掺杂剂，其结构由一个烷基长链、一个苯环、七个氧乙烯（CH_2CH_2O，OE）基团组成；另一种是 NPES 掺杂剂，与 GAE 相比，NPES 分子中含有 10 个氧乙烯基团，其分子链更长。以 GAE 作为聚吡咯合成过程中的掺杂剂，可以在聚吡咯链上引入柔性的有机长支链，制备出室温下可流动的聚吡咯类流体。质子酸中氢质子的引入不仅能使有机长链接枝到聚吡咯主链上，还能提高聚吡咯的导电率。而使用分子链更长的柔性有机质子酸，即酸化的 NPES 对聚吡咯进行掺杂，也能制备在室温无溶剂条件下可流动的聚吡咯类流体。但是掺杂剂链长的不同也会引起掺杂率的不同和所得产物的分子结构不同，从而导致产物的熔融性能、结晶性能等也不同。刘（Liu）等用三种不同的掺杂剂 ATS、ADBS 和 HABS 通过原位掺杂技术制备出随温度变化的聚苯胺类流体，发现在温度的作用下 ATS 掺杂后的聚苯胺类流体流动性最好，电导率最高，并且在有机溶剂中具有很好的溶解性。

4.5　本章小结

本章以天然高分子，生物大分子和石油基难溶有机高分子为研究对象，首先对其表面接枝改性，然后通过离子交换、酸碱中和反应制备出具有类液行为和结构可控的高聚物纳米类流体。研究了两种不同化学键结合方式，壳层柔性链结构和不同掺杂剂对高聚物纳米类流体流变行为与性能的影响。

第5章

无溶剂纳米类流体的应用

无溶剂纳米类流体具有特殊的核—壳结构和稳定的相容性，在复合材料增强、新能源、吸附与分离、热管理和生物医用等方面展现出广阔的应用前景。除此以外，由于无溶剂纳米类流体冠层的柔性长链，可以有效减少分子链段间的相互作用，从而在生产与生活中同样具备良好的开发前景。目前科研工作者已进行了大量的理论研究和初步的应用验证，本章将从聚合物复合材料、新能源、气体捕获与吸附、热管理、含油废水处理、生物医用、荧光量子点、结构设计及生产与生活九个部分进行详细介绍。

5.1 聚合物复合材料

纳米类流体是一种在润滑领域具有广阔应用前景的材料，其在提高聚合物材料性能和润滑改性方面发挥着重要作用。纳米类流体在聚合物复合材料（PCMs）中的应用可以分为两个方面：增强聚合物复合材料性能和自润滑调节。

在聚合物复合材料领域，由于纳米颗粒在聚合物基体内部的分散性较差及界面相容性较弱，对聚合物复合材料的性能会产生不利影响。将纳米颗粒改性为具有良好分散性和界面相容性的纳米类流体，这类纳米类流体除了能够提高分散性和界面相容性，在润滑改性方面也发挥着重要作用。由于纳米类流体作为润滑剂可以减少聚合物分子链间的摩擦行为，并且可以吸收在摩擦过程中产生的热量，显著降低分子内摩擦系数，减少磨损，并进一步减轻材料使用过程中的疲劳和老化现象。纳米类流体具有自润滑性，受到如电刺激、升温等外界刺激后，表现出更活跃的布朗运动，进而出现类似生物关节中分泌润滑液来自润滑的现象。纳米类流体的智能润滑调节能够通过外部条件控制纳米颗粒的分散状态和流动性能，为润滑技术的发展带来新的思路和机遇。通过智能润滑调节，纳米类流体为材料在不同应用场景下实现最佳润滑效果提供了新的途径。

纳米类流体在润滑领域的应用具有多样化的分类和广泛的作用。在提高材料性能方面，纳米类流体通过提高材料的导热性能、界面性能和力学性能，扩大了聚合物复合材料的应用范围。在润滑改性方面，纳米类流体作为润滑剂的添加剂能够显著改善材料的摩擦性能和使用寿命。在智能润滑调节方面，纳米类流体通过智能调节滑动界面的润滑状态，为材料在不同工况下实现最佳润滑效果提供了新的途径。随着科学技术的不断发展，纳米类流体在润滑领域的应用前景将继续拓展，为材料的性能提升和应用拓展带来更多的可能性。

5.1.1 纳米类流体对聚合物复合材料的增强作用

过去几年中，部分研究人员通过各种方式改善碳纤维（CF）的表面，如施胶、等离子体处理、高能辐照、硅烷偶联剂、氧化蚀刻、化学接枝和电泳沉积等。其中，施胶是一种成熟的方法，可以固化表面缺陷，但对 CF 的力学性能有轻微损伤。为了进一步改善施胶剂的改性效果，研究人员开始应用纳米颗粒对其进行改性。纳米颗粒的加入可以改善 CF 与基体树脂之间的局部力学互锁，增强复合材料的力学性能，并且具有较高导热系数（TC）的纳米颗粒，可以改善复合材料的导热性能。然而，未改性的纳米颗粒在施胶剂中的分散性较差，限制了其改性效果。

纳米类流体中的纳米颗粒由于其表面作用相互排斥，可以有效避免聚集，从而提高多相之间的相容性。例如，多核 GO 和 Fe_3O_4纳米晶无溶剂纳米类流体，通过其良好的分散性改善了聚合物复合材料的力学性能和阻尼性能。然而，纳米类流体在施胶剂领域的应用还很少。纳米类流体具有良好的分散性，可以解决纳米颗粒改性施胶剂时的团聚问题。李（Li）等用无溶剂 MWCNTs@ Fe_3O_4制备了纳米类流体 MFNF 来改性水性环氧树脂（WEP）施胶剂，改善了 CF 复合材料的界面性能和 TC。MFNF 增加了 CF 的表面粗糙度，从而增强了 CF 与基体之间的界面相互作用，降低了界面热阻，在起到增强增韧效果的同时，提高了 TC。当 MFNF 质量分数升高时（超过 3%），过量的纳米类流体引起孔隙的形成以及复合界面处，由于 MFNF 缺乏连续的热通道导致 CF 和 WEP 之间有很强的力学互锁，从而提高了力学性能，TC 开始降低。并且，MFNF 质量分数为 2%的 CF/WEP 复合材料（CFRPs）性能显著提高，层间剪切强度（ILSS）和抗弯强度分别提高了 21.69%和 39.51%。如图 5-1 所示，通过在 CF 和 WEP 之间引入无溶剂纳米类流体，可以有效通过类流体的相稳定性来改善界面相互作用，在达到增强增韧效果的同时，提高 TC 从而改善聚合物复合材料的热稳定性。

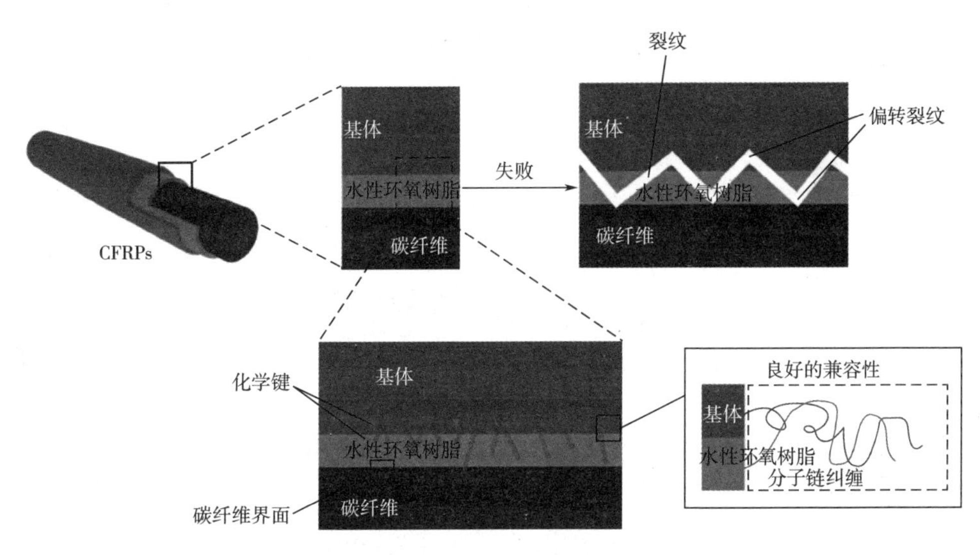

图 5-1　CF/WEP 复合材料界面机理示意图

兰（Lan）等在羧化碳纳米管表面引入离子柔性链，合成了无溶剂多壁碳纳米管类流体（MCNTFs），如图 5-2（a）所示。该纳米类流体在环氧基体中的分散是均匀的，如图 5-2（c）所示。碳纳米管在聚合物基体中的分散能力对环氧复合材料的力学性能有很大影响。从图 5-2（d）（e）可以看出，MCNTFs 的加入改善了环氧复合材料的力学性能，包括增加了弯曲模量和冲击韧性。由于 MCNTFs 与基体的强相互作用，MCNTFs 在环氧树脂中分散良好。熊等合成了 CNT 无溶剂类流体，并将其加入聚合物基体中，探索复合材料的加工性能和力学性能。所有表面功能化的 CNT 都被有机壳完全包裹，有机壳由垂直于 CNT 表面的离子双层结构组成［图 5-2（f）］。每个单独的 CNT 都包裹在柔软的有机部分中，这些有机部分起到分子润滑剂的作用，使 CNT 能够毫不费力地移动，从而形成 MCNTFs 的液体状行为。如图 5-2（g）所示，评估了 CNT/聚酰胺 11（PA11）和 CNT 类流体/PA11 复合材料的可加工性，并分析了相应的扭矩值。可见，CNT 类流体/PA11 复合材料的扭矩值比 CNT/PA11 降低得快得多，表明 CNT 类流体/PA11 复合材料在 CNT 类流体加入后的加工性得到了极大的增强。大分子链之间相互作用减弱的原因可能是 CNT 表面接枝的有机分子起到了有效的润滑剂作用。拉伸模量和伸长率如图 5-2（h）所示，反映了它们在 CNT 类流体/PA11 复合材料中随 CNT 类流体中 CNT 质量分数的变化。具有柔性有机涂层的表面功能化 CNT 具有优异的流动性，可以作为多功能改性剂，同时保持聚合物基体的可塑性。

（a）MCNTFs的结构

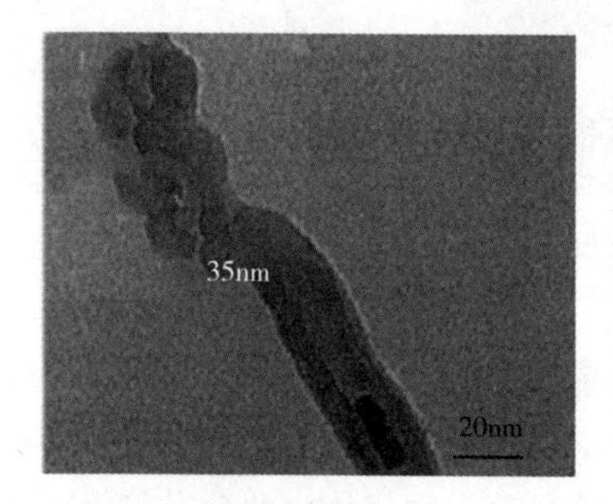

（b）MCNTFs的TEM图

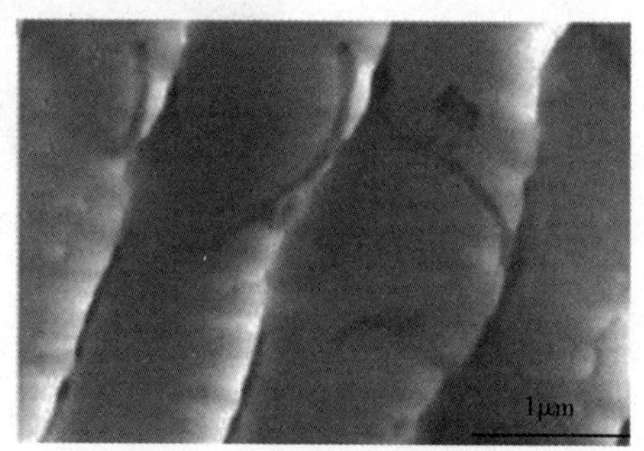

（c）MCNTFs/环氧树脂复合材料的TEM图

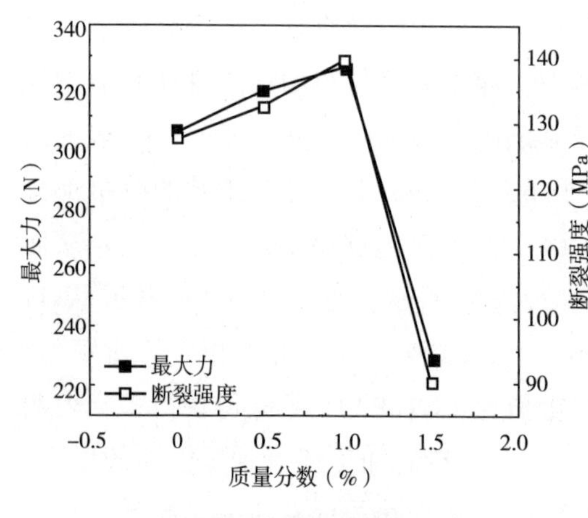

（d）纳米类流体掺量不同的MCNTFs/环氧树脂复合材料的弯曲强度

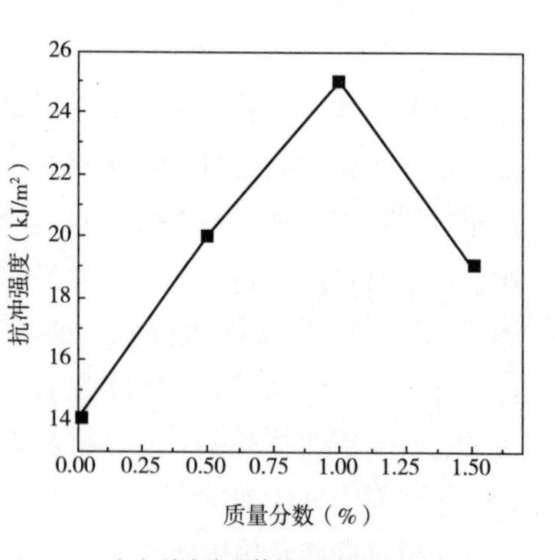

（e）纳米类流体掺量不同的MCNTFs/环氧树脂复合材料的冲击韧性

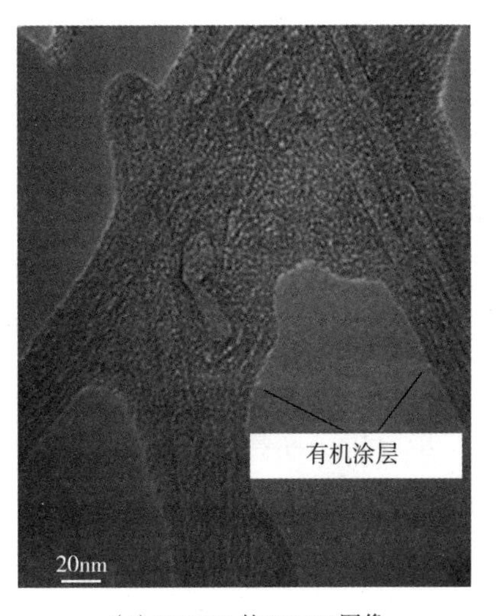

(f) MCNTFs的HRTEM图像

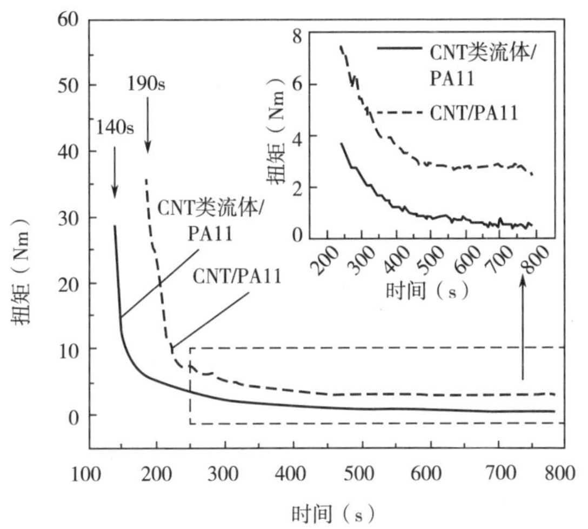

(g) CNT/PA11和CNT类流体/PA11复合材料的扭矩分布

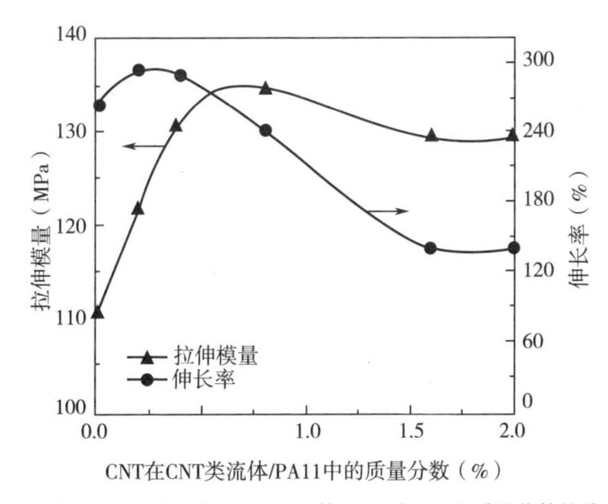

(h) 拉伸模量和伸长率与CNT类流体/PA11中CNT的质量分数的关系

图 5-2　碳纳米管类流体及其复合材料的结构和力学性能

5.1.2　纳米类流体对聚合物复合材料的润滑作用

聚合物复合材料在车辆、航空航天工程、包装和船舶设备等领域广泛应用。然而，聚合物复合材料存在一些缺点，如缺乏长期耐磨性。这是由于纳米颗粒与聚合物基体的相互作用较差，容易聚集和堆叠，导致性能下降。

为了改善这些性能，目前，对纳米类流体的智能润滑应用展开了深入研究。例如，通过电刺激方式，纳米类流体能够在摩擦界面上降低摩擦系数。纳米类流体的注入可以加速摩擦膜的生成。另外，研究人员还制备了无溶剂石墨烯类流体，在润滑方面表现出良好性能。纳米类流体结合了液体和固体润滑剂的优点，具有良好的润滑性能，值得进一步研究和开发。

李（Li）等通过在 TiO_2 纳米颗粒表面共价接枝 *N*-（硅丙基三甲氧基）-*N*-甲基-2-吡咯烷酮盐化物制备了单分散的 TiO_2 纳米类流体（TiO_2NFs），并在最外层与 NPES 进行离子交换［图 5-3（a）］。TiO_2 纳米类流体在室温下是一种无溶剂的均匀流体，具有较低的黏度、优异的抗摩擦、易操作和耐磨性能。测量了不同硅衬底在法向载荷下刮擦后的 SEM 图像，进一步分析了摩擦行为。如图 5-3（b）（c）所示，SiO_2 衬底存在明显的划痕，而涂覆 TiO_2NFs 后划痕大大减少，说明 TiO_2 NFs 具有优异的润滑性能。TiO_2芯的纳米类流体润滑与润滑膜之间的协同润滑作用有效地弥补了液体和固体润滑剂的不足，从而降低了复合材料表面的摩擦系数［图 5-3（d）］。

（a）TiO_2NFs的制备示意图

（b）SiO_2衬底在2N载荷下刮擦后的SEM图

（c）TiO_2NFs涂层SiO_2衬底在2N载荷下刮擦后的SEM图

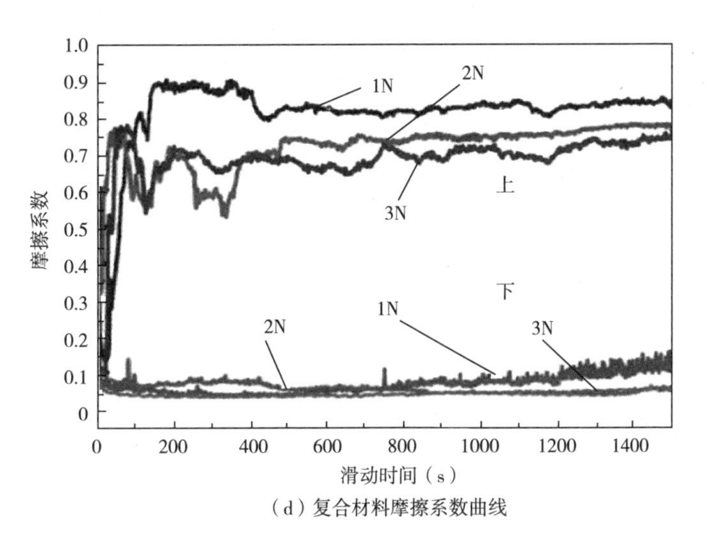

（d）复合材料摩擦系数曲线

图 5-3　TiO_2NFs 的制备、结构及性能

郭（Guo）等通过在 SiO_2 纳米颗粒上接枝低聚链，制备了两种具有核—壳结构的 SiO_2 无溶剂离子纳米类流体（SiO_2-DC5700-NPES 和 SiO_2-PMPS-M2070）[图 5-4（a）]。结果表明，制备的 SiO_2 纳米类流体具有优异的分散稳定性和良好的流动性［图 5-4（b）］。将制备的无溶剂 SiO_2 纳米类流体添加到 PEG 中，对其摩擦性能进行测试，结果表明，低含量纳米类流体大大降低了摩擦系数，表明其具有优异的润滑性。此外，当添加无溶剂 SiO_2 纳米类流体时，润滑滑动副的摩擦趋势响应于金属的外部电位，并且摩擦系数可以通过外部功率和电势方向改变［图 5-4（d）］。

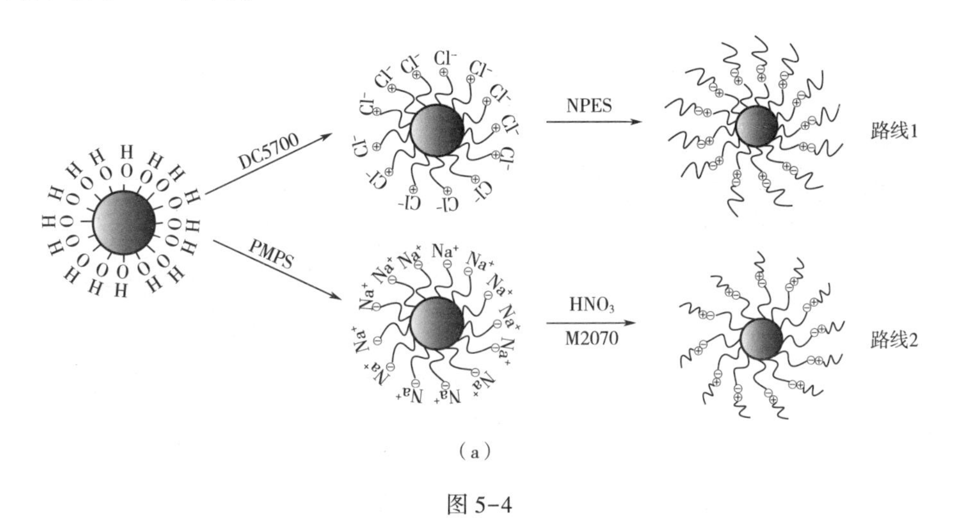

（a）

图 5-4

DC5700

NPES

PMPS

M2070

（a）SiO_2-DC5700-NPES 和SiO_2-PMPS-M2070 NFs的制备路线

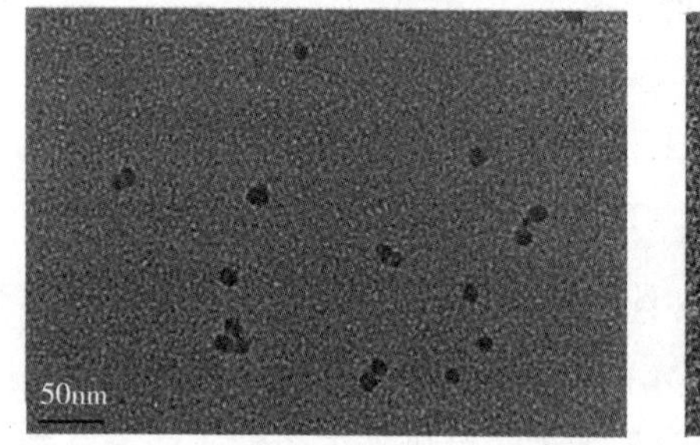

（b）SiO_2-DC5700-NPES NFs的TEM图像

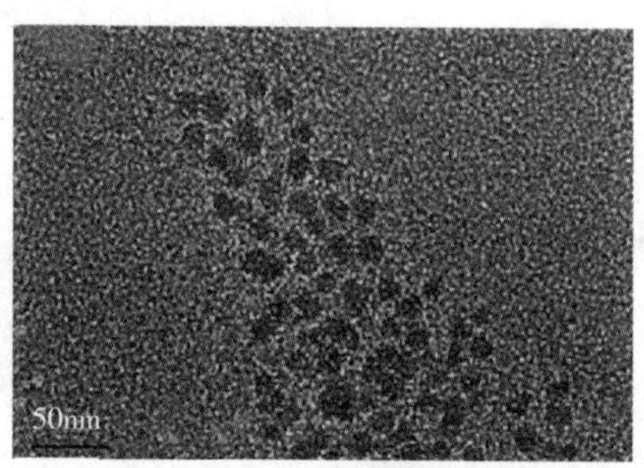

（c）SiO_2-PMPS-M2070 NFs的TEM图像

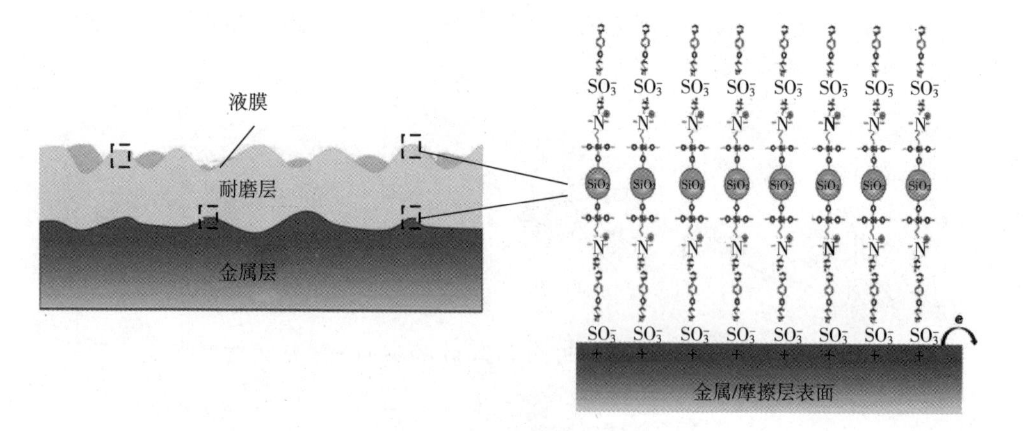

（d）杂化双电层和SiO_2基摩擦膜示意图

图 5-4　SiO_2 纳米类流体的制备、形貌及性能

焦（Jiao）等受蜗牛黏液润滑原理和结构的启发，制备了无溶剂碳点纳米类流体（F-CDs），用来解决环氧树脂（EP）中磺化氮化硼纳米片（h-BN@PSDA）的相容性差和润滑性差的问题，以改善摩擦、磨损。F-CDs 作为润滑剂解决 h-BN@PSDA/EP 的分子链内部摩擦系数较大的问题。通过将聚（4-苯乙烯磺酸盐）和聚醚胺接枝在碳点的表面，形成分支结构和多重界面吸收效应，从而制备 F-CDs。在长期滑动的过程中，检测到极低的摩擦系数和磨损率。与 EP 相比，F-CDs 的存在使 h-BN@PSDA/EPs 合材料的平均摩擦系数和磨损率分别降低了 95.25% 和 99.42%。这种优异的润滑性能可能是由于 F-CDs 和 h-BN@PSDA/EPs 混合纳米结构的形成以及添加的 F-CDs 的滚动滑动和自修复效应。这种具有三维聚电解质结构和多重吸附网络的无溶剂碳点纳米类流体，可作为润滑剂来提高边界润滑膜的润滑性和耐久性。碳点作为润滑剂具有良好的生物相容性、光稳定性和高比表面积，并能在纳米尺度上实现球效应和自我修复，从而减少摩擦和磨损。这种新型润滑系统为聚合物复合材料的改进提供了新的思路，并有望提高其摩擦性能和耐久性。

张（Zhang）等成功制备了用于智能润滑调节的无溶剂碳球形纳米类流体（C-NFs），并研究了其摩擦性能和外部电场诱导的智能润滑调节行为。C-NFs 表现出优异的润滑性能，即使在施加弱电位（1.5V）下，也能立即降低摩擦系数。实验结果显示，含有质量分数 5.0% C-NFs 的聚乙二醇 400（PEG400）在间歇性电压作用下仍对电刺激有反应，其平均摩擦系数比纯 PEG400 降低了 20.8%。C-NFs 的智能润滑调节主要依赖于离子冠吸附碳球（CSs）有序排列的双电吸附膜。通过间歇性的电作用，可以不断增强吸附膜及其耐久性，从而实现对滑动界面的实时控制。简单地切换安装在钢/钢触点上的电路，就可以实时调节纳米类流体的摩擦学行为，实现所需的减摩和耐磨性能。具体来说，通过功能化 CSs 制备了具有核—壳结构的无油溶性 C-NFs，其中使用 DC5700 和 NPES 作为离子冠层。离子冠层赋予 CSs 较强的吸附能力，有助于在滑动表面形成高质量的润滑膜，从而增强润滑功能。此外，高导电性的 C-NFs 的摩擦学行为可以通过电刺激进行调节。具有双冠层结构的 C-NFs 作为 PEG400 的添加剂，在正常摩擦条件和外部电场刺激下均表现出优异的减摩效果。施加 1.5V 的外部电场可以调节电荷，并在滑动表面形成双电吸附膜，从而提供易于剪切的高质量润滑膜。

5.2 新能源

常见的新能源器件包括电容器、钙钛矿太阳能电池等。其中，电容器是一种能够储存和释放电能的设备，具有快速充放电和寿命长等优点，但仍然存在以下缺陷：能量密度相对较低、体积大、长期稳定性不足等。

针对这些问题，研究者开始探索纳米类流体电解质、纳米类流体润湿剂、纳米类流体电容器隔膜、纳米类流体电极材料等来改进电容器性能。纳米类流体在电容器领域可以优化电解质和电极材料之间的界面特性。例如，纳米类流体主要通过多维导电材料和导电聚合物的载体来提高电容器的综合性能。通常，电容器将导电聚合物与多维导电材料相结合，以实现二者优势的互补，起到提高电容器的能量密度和电导率的作用。其中，纳米类流体可以在电解液中通过范德瓦耳斯力形成自组装，利用氢键的相互作用力形成有序的结构。这种自组装方法可以简化制备过程，降低工艺复杂度，提高稳定性。此外，部分纳米类流体可以构建三维多孔结构，具有大比表面积和高度互连性，这有助于提高电容器的储能容量和功率密度。

钙钛矿是一类具有特殊结构和性质的材料，其加工过程面临一些挑战。第一，钙钛矿材料通常具有较高的黏度，它们在变形时表现出较大的内部阻力，导致加工过程中流动性差、形状塑性变形困难以及材料应力集中和开裂等问题。第二，钙钛矿材料具有较高的力学刚性，受到外部应力时难以发生形变，增加了加工时需要施加的作用力和应力的难度。第三，钙钛矿材料的流变学特性通常受温度的影响较大，在某些温度范围内可能发生临界温度、相变或结构变化，增加了加工过程中需要严格控制温度条件的复杂性。上述的三个问题导致了钙钛矿的加工困难、大量加工的成本难度高等问题。

无溶剂纳米类流体为钙钛矿的加工提供一种新的解决方案。例如，无溶剂纳米类流体复合前驱体快速转化为钙钛矿薄膜，此方法不依赖于使用普通溶剂或真空条件，且可以在低温空气中进行。这种方法有利于大面积钙钛矿器件的制造，为太阳能电池的实际应用提供了潜在途径。

5.2.1 纳米类流体在电池/电容器中的应用

目前，多维导电材料已经被开发出来，如三维（3D）结构的石墨烯，以解决石墨烯片的堆叠问题，这些3D石墨烯框架（3D GFs）具有大比表面积、极低密度和高度互连的多孔结构。此外，将导电聚合物结合到这些多维导电材料中，构建的多维导电材料/导电聚合物复合材料将利用这两种组件的优势，并促进它们在能量存储和转换方面的应用。聚苯胺具有理论赝电容大、易于合成和低成本的优点，被认为是与石墨烯复合的优越材料。然而，由于聚苯胺分子的膨胀和收缩易导致降解，这种复合材料的长期稳定性较差。聚苯胺等导电聚合物与多维导电材料良好包覆形成的导电网络，工艺复杂难以大规模实现。且多维导电材料（如3D GFs）与导电聚合物基体的界面相容性仍需提高。将多维导电材料加工为具备核—壳结构的纳米类流体，在有效改善多维导电材料与导电聚合物基体材料的界面作用的同时，可提高电子转移效率。以苯胺单体聚合过程为例，杨（Yang）等以NPES为掺杂剂合成了无溶剂自悬浮聚苯胺（S-PANI）类流体。这种S-PANI所具有的胶束形态源于NPES长链上的长而柔韧的聚乙二醇链段。这些具有高柔韧性的NPES分子显著改变了掺杂聚苯胺的组装行为，赋予了S-PANI出色的可加工性和高电导率（10~100S/m），使S-PANI在水溶液中易于自组装。并利用氧化石墨烯薄片和S-PANI通过简单的自组装方法获得了3D还原氧化石墨烯/自悬浮聚苯胺（3D-RGO/S-PANI）气凝胶。S-PANI分子通过π-π堆叠和氢键相互作用与相邻的氧化石墨烯片交联。此外，S-PANI分子上含有聚乙二醇段的柔性长链会阻止石墨烯的聚集。制备的3D-RGO/S-PANI气凝胶密度低，孔隙结构丰富，比表面积为335m^2/g，远高于纯RGO气凝胶的比表面积58.6m^2/g。3D-RGO/S-PANI的超级电容器电极在1A/g电流密度下的比容量为480F/g，即使在40A/g的高放电倍率下也能保持334F/g。在10A/g电流密度下，循环10000次后，电容仍保持96.1%的稳定性。3D-RGO/S-PANI气凝胶优异的电化学性能应归功于S-PANI与三维多孔结构石墨烯片的高导电性。

周（Zhou）等通过在碳纳米管表面接枝带电的DC5700与含长链质子酸的NPES来制备无溶剂碳纳米管类流体（CNTF）。CNTF具有亲水性，有利于其均匀分散。最重要的是，可以通过简单的水热自组装方法制备CNTF/RGO框架。通过这种CNTF/RGO框架，以CNTF和RGO水溶液作为前驱体一步自组装制备CNTF/RGO气凝胶。CNTF充当交联剂和垫片，连接相邻的石墨烯，防止石墨烯的重新堆叠，从而形成3D多孔框架。所得的CNTF/RGO气凝胶表现出低密度、高比表面积和丰富的孔结构。将CNTF/RGO气凝胶用作电极时，在412A/g的电流密度下具有8.1F/g的高比电容，即使在137A/g的高放电速率下，比电容也为3.10F/g。经过10000次充电/放电循环后，比电容保持在初始值的10%。通过

CNTF 和 RGO 复合制备的气凝胶电容器相较于先前的碳纳米管/RGO 气凝胶电容器，具有更高的电流密度和更稳定的空间结构，进而提高电容器的稳定性。

介孔碳材料通常具有适中的孔径，可以在一定范围内调节，使其适用于储能应用，但简单的介孔结构通常表现出较差的稳定性。生物质衍生碳材料的传统制备方法包括水热碳化、直接碳化和热解，但由于反应时间长，在干燥或溶剂化状态下的反应过程中往往会引起物质团聚。此外，介孔碳材料在加工过程中很难有效分散，导致其力学性能和表面能差，并限制了它们在高价值应用中的使用。与传统的溶液方法不同，机械化学反应通过高能碰撞破坏表面上的化学键，并且反应产生的自由离子或不饱和键增加了内能、化学反应平衡常数和反应速率。黄（Huang）等采用预碳化、球磨和 KOH 表面活化进而表面接枝带电的 DC5700 及含长链质子酸的 NPES 的方法从玉米秸秆中制备了无溶剂的超亲水的微/介孔结构（CSB-800）的多孔碳材料纳米类流体。并研究了预碳化、球磨对结构组成和性能，特别是亲水性和多孔结构的影响，CSB-800 在球磨过程中，类流体球/内腔壁与带电材料之间发生了大量碰撞，产生强大的剪切力和压缩力，以分解带电碳材料并减小粒径，从而调节 CSB-800 的孔径结构。最后考察了 CSB-800 作为电极在超级电容器中的潜在应用。结果表明，预碳化提高了 CSB-800 的制备效率，并获得了具有良好分散性的多孔碳材料纳米类流体。其中，球磨过程起到了促进碳材料的孔隙率、表面能、亲水性、结晶度和石墨化的作用，使 CSB-800 表现出 2440.6m^2/g 的高比表面积并且具有丰富的微孔结构。当 CSB-800 作为电极材料时，杂原子氮形成含氮基团以提供法拉第赝电容，该材料在电感为 1mH，电流密度为 0.5A/g 时具有 398F/g^2 的比电容，而双电极体系中的电解液值为 243F/g，功率密度为 5W/kg 时能量密度达到 1.1Wh/kg。这种通过生物质材料制备的多孔碳类流体对于如何回收、加工生物质材料进行了研究。通过球磨和表面活化的方式起到有效调控 CSB-800 孔径的作用，从而进一步提高了多孔碳材料的电化学性能。

熊（Xiong）等通过一种简单的无模板方法制备了由 CNT 和少层石墨烯（FLG）组成的新型碳混合结构无溶剂类流体。碳纳米管/少层石墨烯结构（CNT-FLG）类流体的制备及电性能如图 5-5 所示。采用长链有机离子 DC5700 和 NPES 对羧基多壁碳纳米管进行氧化修饰，得到碳纳米管类流体。然后将合成的碳纳米管类流体在 700℃ 下碳化，得到的 CNT-FLG 在没有任何溶剂的情况下表现出流动性特征［图 5-5（b）］。由 FLG 作为壁和 CNT 作为骨干组成的 CNT-FLG 具有许多腔室，这些腔室具有相互连接的导电网络结构和广阔的可达表面积，使其成为储能和转换应用的优秀材料［图 5-5（c）（d）］。采用 CNT-FLG 电极组装的 Li—Si 电池有效缓解了循环过程中硅体积膨胀过大的关键问题，表现出优异的电化学性能［图 5-5（e）（f）］。此外，这种新型碳材料有望在超级电容器、生物和化学传感器等其他领域得到应用。

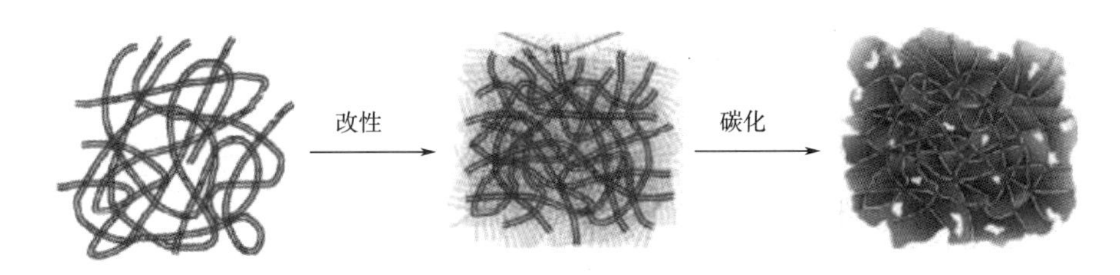

（a）CNT-FLG类流体的制备示意图

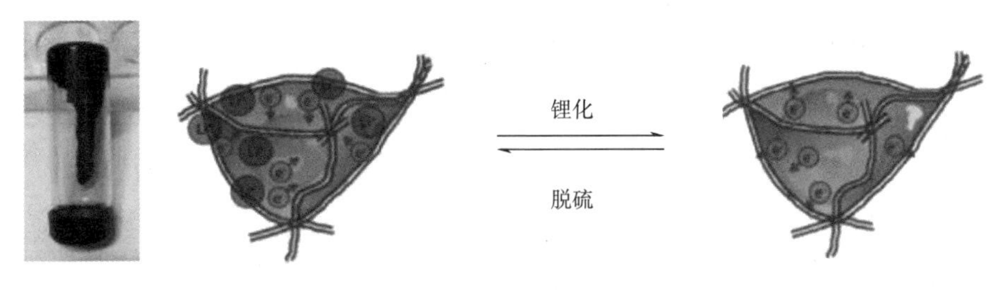

（b）CNT-FLG 类流体照片

（c）Li—Si电池负极材料Si/CNT-FLG 在充放电循环过程中的结构变化

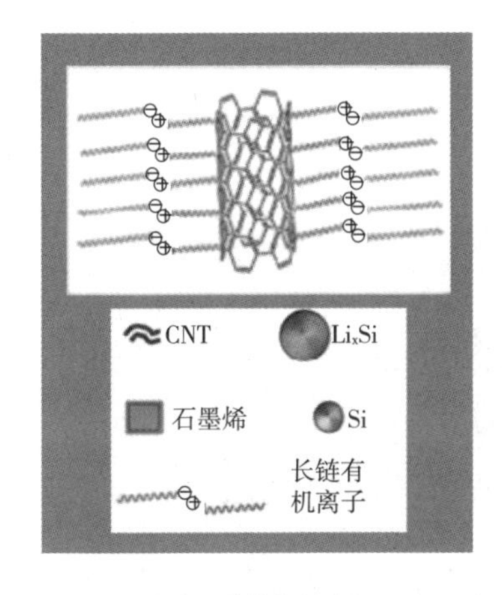

（d）表面接枝长链有机离子的CNT-FLG示意图

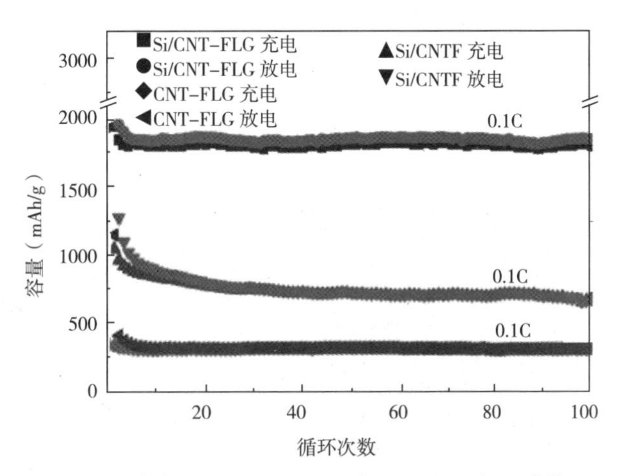

（e）CNT-FLG、Si/CNTF和Si/CNT-FLG在0.1C充放电速率下循环100次的循环能力（1C=4200mAh/g）

图 5-5

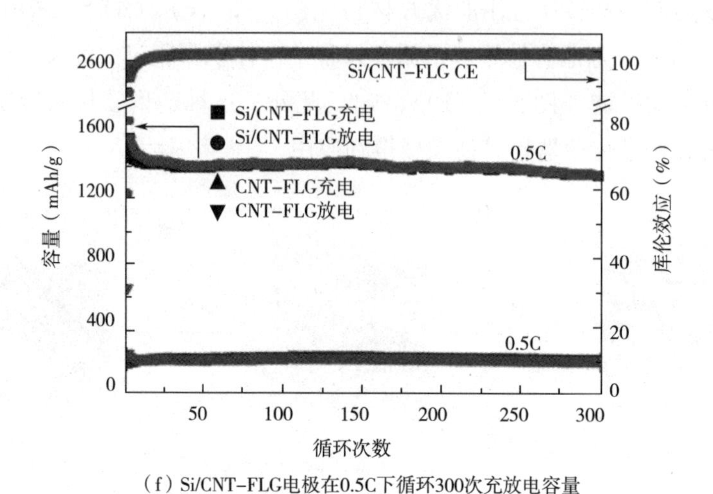

（f）Si/CNT-FLG电极在0.5C下循环300次充放电容量

图 5-5　CNT-FLG 类流体的制备及电性能

托森（Tsen）等制备了一系列纳米类流体作为纳米填料来修饰燃料电池的基质膜。采用离子交换法制备了纳米级无溶剂碳酸钙类流体（$CaCO_3$-NFs）。$CaCO_3$-NFs 表面接枝有机长链，可以观察到有机层约为 5nm［图 5-6（a）（b）］。$CaCO_3$类流体在 25～100℃温度范围内的流变性能如图 5-6（c）所示。模量—温度曲线表明，在 25～100℃范围内，剪切储能模量（G'）始终小于剪切损耗模量（G''）。储能模量和损耗模量随温度升高而降低，与纳米类流体的流动特性相对应。此外，壳聚糖/$CaCO_3$类流体（CS/$CaCO_3$-NFs）复合膜与单个直接甲醇燃料电池组装，以测量电池性能［图 5-6（d）］。与纯 CS 膜相比，改性复合膜提高了离子电导率，降低了甲醇交叉，提高了功率密度和开路电压。

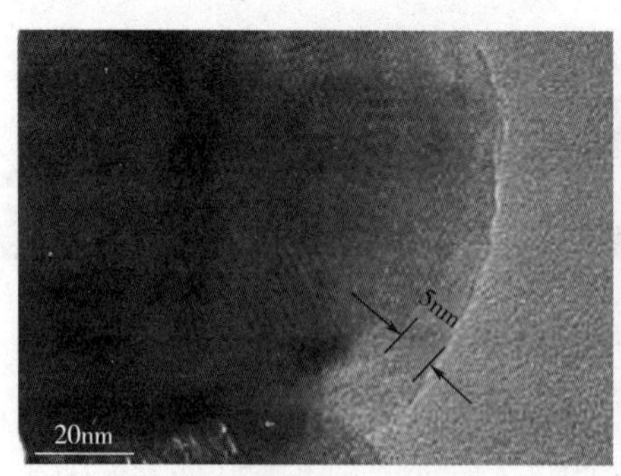

（a）$CaCO_3$-NFs的TEM图像

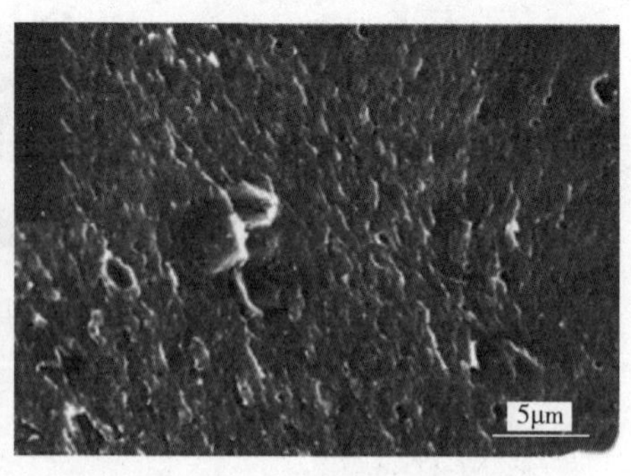

（b）CS/$CaCO_3$-NFs复合膜的SEM横截面图

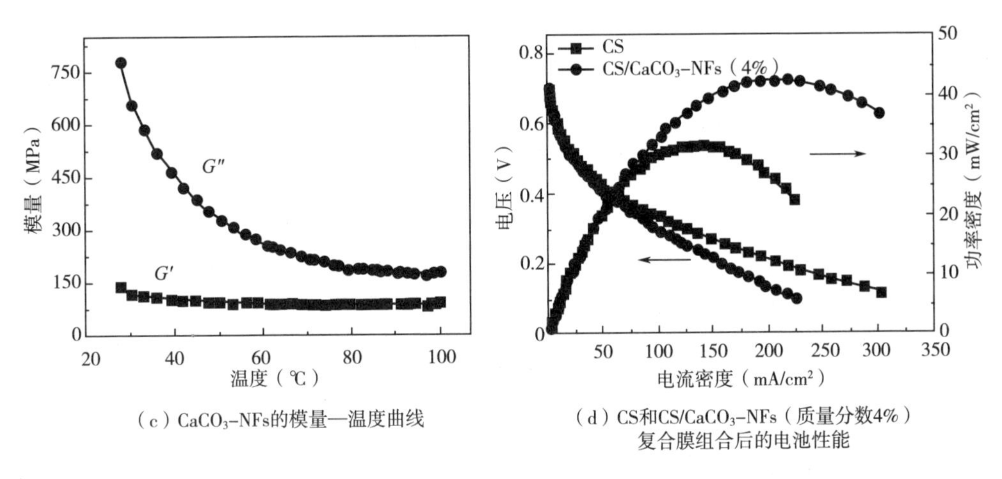

（c）$CaCO_3$-NFs的模量—温度曲线

（d）CS和CS/$CaCO_3$-NFs（质量分数4%）复合膜组合后的电池性能

图5-6 $CaCO_3$类流体的结构及电性能

在聚醚醚酮（PEEK）表面涂覆凹凸棒土无溶剂纳米流体（ATP-IL），制备磺化聚醚醚酮（SPEEK）复合膜，其中通过离子交换法制备ATP-IL，如图5-7（a）所示。将DC5700接枝到ATP纳米粒子上，通过NPES与上述ATP-DC5700离子交换得到ATP-IL。TEM图像显示，在ATP-IL中，ATP表面有一层约6nm厚的薄涂层，使无机ATP核心具有较高的流动性，促进了ATP在聚合物基体中的均匀分散，改善了界面键合［图5-7（b）］。制备的复合膜比纯SPEEK膜具有更好的力学性能和质子导电性。电池性能测试结果表明，复合膜在甲醇燃料电池中具有很大的应用前景［图5-7（c）］。

5.2.2 纳米类流体在太阳能储能中的应用

钙钛矿的加工性一直有待提升，其中钙钛矿的流变学特性对其加工性能影响显著。从流变学的角度分析钙钛矿加工难的原因有：第一，钙钛矿材料通常具有较高的黏度，即它们在变形时具有较大的内部阻力，导致钙钛矿材料的流动性较差，在加工过程中难以通过传统的加工方法如挤压、拉伸等进行形状塑性变形，同时使材料在加工过程中更容易出现应力集中、晶粒变形和开裂等问题。第二，钙钛矿材料通常具有较高的力学刚性，即在受到外部应力时难以发生形变。因此在加工过程中，需要施加更大的力和应力来使材料发生塑性变形。高力学刚性限制了钙钛矿材料在加工中的变形能力，增加了加工难度。第三，钙钛矿材料的流变学特性通常受温度的影响较大。在某些温度范围内，钙钛矿材料可能表现出临

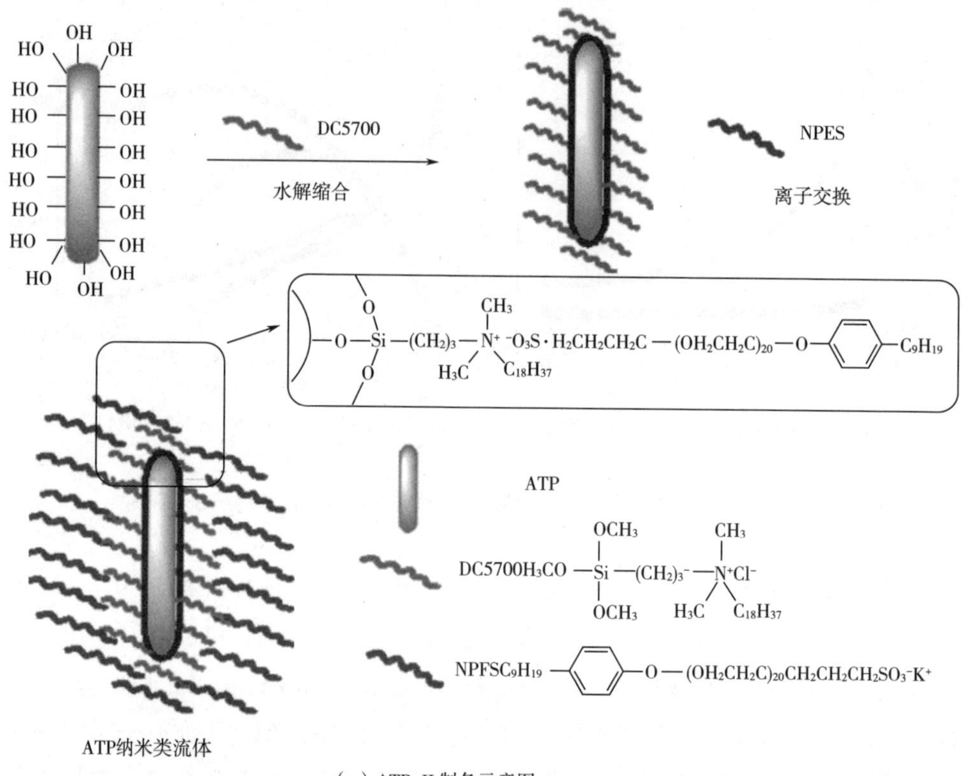

（a）ATP-IL制备示意图

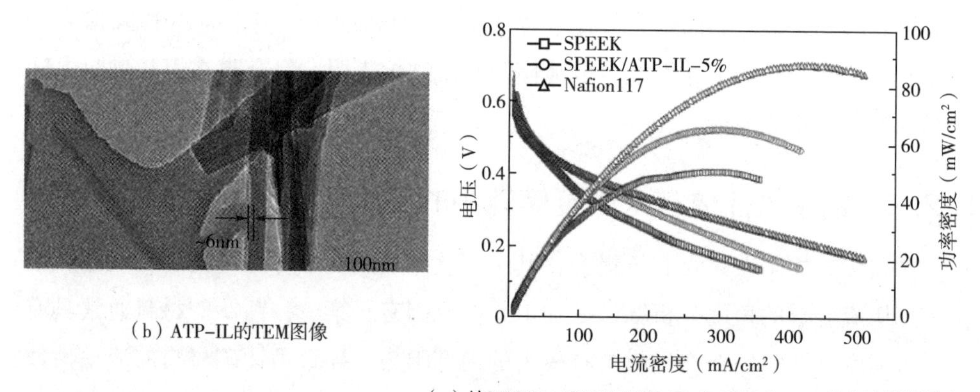

（b）ATP-IL的TEM图像

（c）纯SPEEK、SPEEK/ATP-IL-5%和Nafion117的电池性能测试

图 5-7　ATP-IL 的制备、结构及性能

界温度、相变或结构变化等特性，导致其流变学行为发生剧烈变化。因此通过流变学的方法解决钙钛矿加工困难的问题具有广阔应用前景。

吴（Wu）等开发了一种低温成型的无溶剂纳米类流体钙钛矿薄膜成型技术，

可有效地解耦成核和结晶相，并确保为随后的钙钛矿生长形成均匀的种子层。传统制备方法中，钙钛矿薄膜由混合钙钛矿前驱体溶液的常规一步工艺制备，这可能导致钙钛矿晶体聚结及膜形态不均匀，这是由于不同溶解度组分的复杂溶液的溶剂快速蒸发导致钙钛矿晶体聚结造成的。而通过无溶剂纳米类流体加工方法，将钙钛矿前驱体旋涂到玻璃上，然后将氟掺杂氧化锡（FTO/SnO）纳米类流体喷涂到钙钛矿前驱体表面。该方法优化了旋涂时间，以提供均匀的前驱体膜，同时防止由于大量溶剂蒸发而导致过度纺丝引起的过早结晶。将浇注前驱体薄膜浸入液氮浴。这种处理对前驱体薄膜有两个重大影响。第一，温度的快速降低导致由二甲基甲酰胺（DMF，熔点-61℃）和二甲基亚砜（DMSO，熔点 19℃）混合物组成的溶剂突然冻结。FTO/SnO 纳米类流体辅助钙钛矿合成的控速成核技术的流程如图 5-8 所示。FTO/SnO 纳米类流体的喷涂防止了化学反应和前驱体的聚结，达到在低温下的快速凝固的效果，从而确保了溶质的均匀分布。此方法用于在不使用反溶剂的情况下沉积高质量的混合钙钛矿薄膜。第二，该方法导致三种不同钙钛矿成分的晶粒尺寸和结晶度增加及缺陷密度降低。因此，该方法具有普遍适用性，并且易于扩展到更大的设备区域。

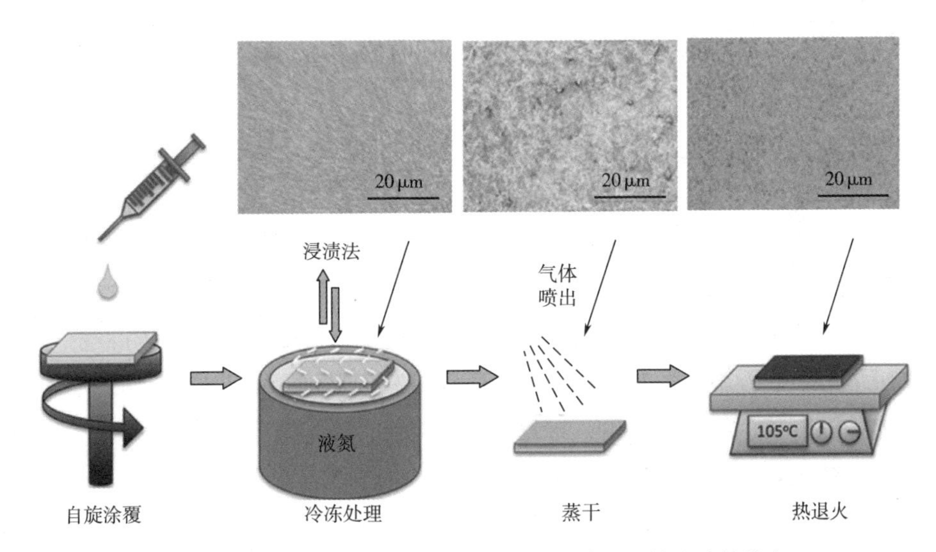

图 5-8　FTO/SnO 纳米类流体辅助钙钛矿合成的控速成核技术

陈（Chen）等报道了一种通过 $CH_3NH_3X_m$ CH_3NH_2 和 PbX_{2n} 在放电环境下通过 CH_3NH_2 气体（-6℃）制备的胺复合前体（无溶剂纳米类流体），用于快速制备的甲基铵卤化铅钙钛矿薄膜的方法。将具有纳米类流体性质的胺复合前体经过简单加压即可获得钙钛矿薄膜。胺复合前体辅助钙钛矿薄膜合成的控速成核技术的流程如图 5-9 所示。此沉积方法可以在低温空气中进行，沉积的钙钛矿薄膜没有针孔，且高度均匀。经无溶剂纳米类流体制备的钙钛矿薄膜的太阳能模块架构达到了 12.1%的认证功率转换效率，孔径面积为 36.1cm^2。研究表明，通过无溶剂纳米类流体制备的钙钛矿薄膜普遍具有均一性高、分散均匀、加工便捷等优点，这表明无溶剂纳米类流体有利于大面积钙钛矿器件的制造。

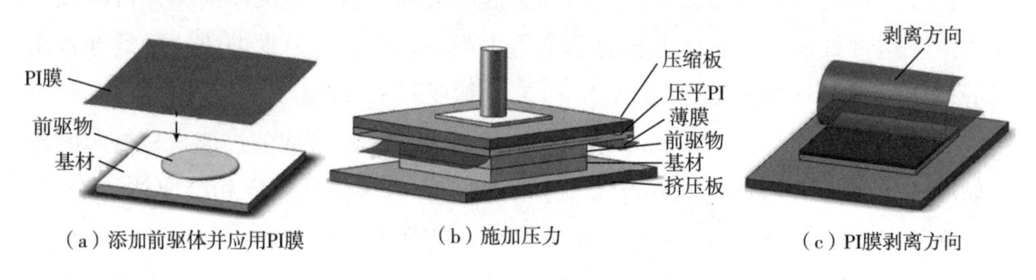

图 5-9　胺复合前体辅助钙钛矿薄膜合成的控速成核技术

5.3　气体捕获与吸附

气体捕获和吸附技术在应对全球气候变化和温室气体排放方面具有重要意义。然而，传统的气体捕获技术存在一些缺陷和挑战。常见的温室气体（如 CO_2 等）的捕获技术通常使用氨基溶剂，通过氨基与 CO_2反应形成捕获产物，形成路易斯酸碱对来实现对 CO_2的固定。这种方法虽然实现了对温室气体的选择性捕获，但这些溶剂捕获技术存在能耗高、耐久性差以及后续处理复杂等问题。氨基溶剂可能会引起设备腐蚀和损坏，并且能耗较高，增加了捕获成本。在捕获 CO_2 时可能伴随着其他气体的吸附，导致选择性降低，吸附效率低下。同时，一些材料的回收效率较低，需要进一步优化。

将纳米类流体用作气体捕获与吸附材料具有以下优势。第一，纳米类流体拥有巨大的比表面积，这是由纳米颗粒的结构决定的，巨大的比表面积使其在单位体积内拥有更多的吸附活性位点，从而提高了气体吸附能力。第二，纳米类流体的结构可以通过合成方法进行调控和优化，从而实现可调控性，以适应不同气体的吸附需求。纳米类流体可以被设计成具有高选择性，有针对性地吸附特定气体的分子，从而实现高效气体分离和捕获。这种特性对于应对复杂的气体混合物具有重要意义。纳米类流体通常具有较好的可回收性。吸附气体的纳米类流体材料可以实现气体的解吸附和材料的再生，从而实现循环利用，减少了资源浪费。相比传统的气体吸附材料，纳米类流体具有较低的能耗，这得益于其高比表面积和优异的吸附性能。有些纳米类流体材料具有较好的高温稳定性，能够在较高温度下保持吸附性能，为特殊应用场景提供了可能。纳米类流体的合成通常采用环保的方法，有利于实现可持续发展。这一特点在当前全球环境保护的迫切需求下，显得尤为重要。

综上所述，纳米类流体作为气体吸附材料在气体捕获、气体分离和环境保护等领域具有潜在的应用前景，然而，仍需进一步的研究和实验验证来优化性能并解决可能的挑战和限制。随着科技的进步，有望看到纳米类流体在气体捕获和吸附领域发挥更重要的作用。

5.3.1　用于温室气体捕获的无溶剂纳米类流体

CO_2作为一种常见的温室气体，其浓度增加对大气环境产生了重要影响，因此开发高效的 CO_2 捕获技术变得越来越迫切。目前，最常用的材料是氨基溶剂（NOHM），可与 CO_2反应形成氨基甲酸酯。将 NOHM 接枝在纳米类流体的表面用于捕获 CO_2是一种高效捕获手段，并且对 CO_2、N_2、O_2和 N_2O 具有很高的选择性。NOHM 还具有可回收性。凭借这些独特的功能，NOHM 显示出巨大的 CO_2捕获潜力。

林（Lin）等开发了一种以 SiO_2为核的无溶剂纳米类流体用于捕获 CO_2。在这种纳米类流体中，NOHM 上的仲胺基团与 CO_2通过形成路易斯酸碱对来捕获 CO_2，同时 NOHM 上的醚基增强了 CO_2的捕获效果。通过总结不同键合类型的 NOHM 以及具有特定作用的官能团（包括用于 CO_2捕获的氨基）的合成方法，对 NOHM 进行分类。由于 NOHM 接枝到 SiO_2 纳米类流体核—壳结构的壳上，导致其在受热过程中分子运动比无序排列时降低，从而提高了 NOHM 的热稳定性。此外，纳米类流体在起到增强吸收 CO_2能力和提高 NOHM 的热稳定作用的同时，NOHM 在纳米类流体上路易斯酸碱作用的可逆性为其可回收使用提供了可能。纳米类流体捕获 CO_2的机理如图 5-10 所示。

李（Li）等人成功制备并评估了一系列基于羧基化 MWCNTs 的离子缔合聚醚胺末端聚合物的特殊无溶剂纳米类流体。通过将等量分子量的十八胺聚氧乙烯醚（Ethomeen 18/25）乙醇溶液滴入羧基化 MWCNTs 混悬液中，在 70℃ 下磁力搅拌 24h，在截留分子量为 5000 的透析袋中用去离子水透析 24h，去除多余的聚醚硅烷，最后在真空 45℃ 下去除溶剂获得无溶剂羧基化 MWCNTs 纳米类流体。

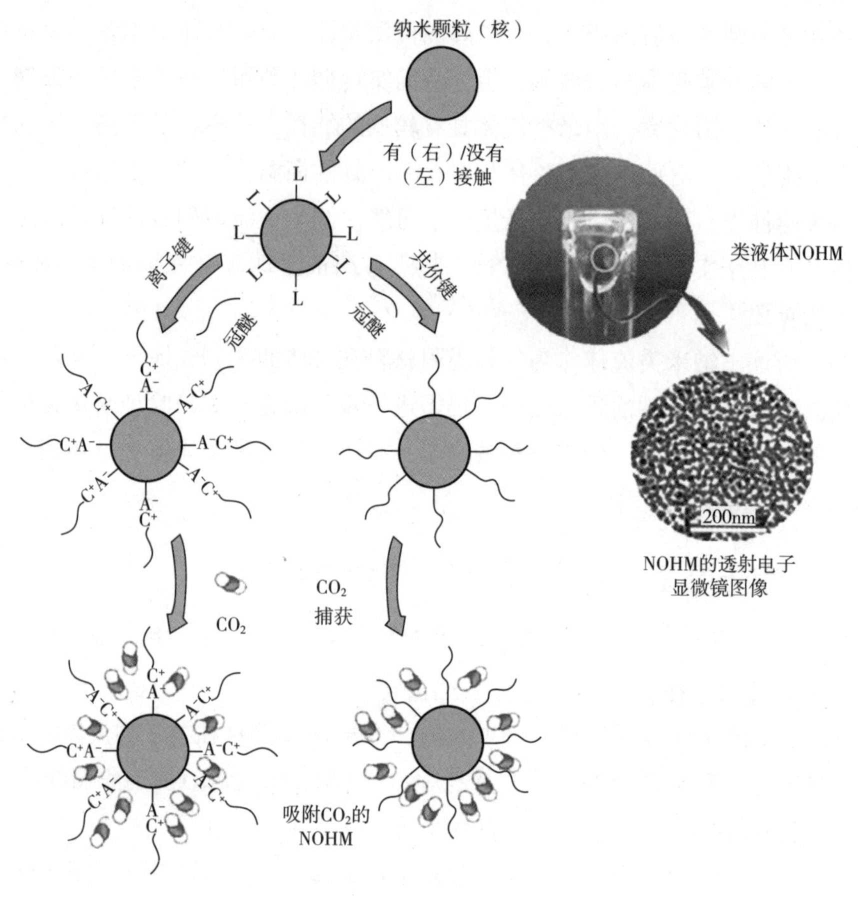

图 5-10　NOHM 在类流体表面的气体吸附机理

研究了聚醚胺覆盖层结构［如胺类别、分子量、乙氧基/丙氧基（EO/PO）、黏度和熔点］对 CO_2 捕获能力的影响。结果表明，含有更多未质子化胺基团、较高分子量或较多 EO/PO 的吸附剂显示出更大的 CO_2 捕获能力，并在多次吸附—解吸循环中表现出良好的稳定性。同时，还证明了较低的熔点和黏度对 CO_2 的吸附是有益的。与相应的聚醚胺和原始 MWCNTs 相比，羧基化 MWCNTs 类流体现出增强的 CO_2 捕获能力。这是由于含氧基团的存在可以显著增强 CO_2 捕获能力，特别是在高压条件下。此外，可以发现无溶剂 MWCNTs 类流体的氧基和氨基越多，其 CO_2 捕获能力越大。这是由于无溶剂 MWCNTs 类流体羰基和环氧基中的氧是微碱性的，因此 CO_2 与无溶剂 MWCNTs 类流体之间形成了路易斯酸碱对，从而提高了对 CO_2 的吸收。羟基和羧基的存在导致了类流体与 CO_2 间的强极性相互作用。

综上所述，这些研究都在探索新型、高效的 CO_2 捕获技术。氨基无溶剂纳米类流体是目前最常用的材料，它们具有良好的 CO_2 捕获能力，并具有较高的选择性和可回收性。这些研究为减少 CO_2 排放和温室气体控制提供了重要的科学理论基础，并为开发可持续发展的能源和环境解决方案提供了有益的参考。

5.3.2　用于气体分离的无溶剂纳米类流体

张（Zhang）等开发出了一种通过在 HS 表面进行电晕（OS@ HS），并通过正负电荷作用平衡带正电的电晕的氯离子反阴离子，随后被带负电的 PEGS 离子交换后获得的 I 型多孔液体。这种具备核—壳结构的空心二氧化硅类流体以可阻挡大于 1.9nm 分子的微孔壳的球体作为核心，从而防止柔性链填充空腔。

同时，采用分子大小约为 2.0nm 的有机硅烷对核心进行改性，将电晕和冠层 PEGS 接枝在改性 SiO_2 表面，两球体通过替换电晕的氯化物反阴离子合成无溶剂纳米类流体。当 N_2/CO_2 混合气体通过无溶剂纳米类流体时，冠层的醚基增强 CO_2 进行路易斯酸碱相互作用的溶解度，空腔为气体通过无溶剂纳米类流体提供了自由体积。因此，CO_2 可以在树冠和空腔中更快地扩散以通过液体。气体分离试验表明，CO_2 渗透率高于 N_2 的渗透率，分离机理与渗透结果如图 5-11 所示。

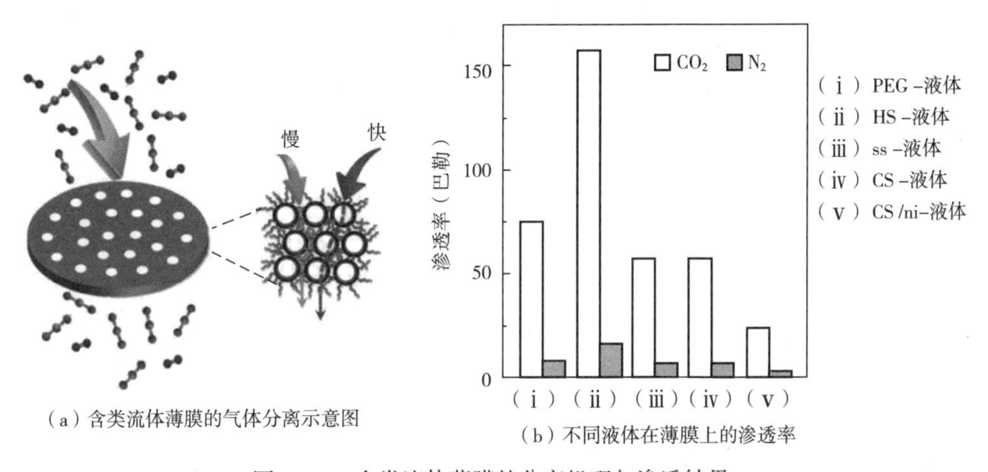

（a）含类流体薄膜的气体分离示意图

（b）不同液体在薄膜上的渗透率

图 5-11　含类流体薄膜的分离机理与渗透结果

使用具有特定官能团的聚合物链可以增强对目标气体分子的扩散性和选择性，从而促进气体分离。通过离子键合或共价接枝对有机冠层物质的纳米颗粒核心进行表面工程的方法，生产无溶剂纳米类流体。在无溶剂纳米类流体核—壳结构内，柔性聚合物外壳充当流体介质，使其具有类液体的行为，而核心纳米颗粒可以从氧化物（如 SiO_2，ZnO）到金属（如 Pt，Au），碳（如碳纳米管，石墨烯）甚至DNA分子变化。这种综合方法的高灵活性和兼容性使混合系统具有广泛的可调性，使无溶剂纳米类流体在气体分离领域具备良好的应用前景。

5.4 热管理

电子器件和工业产品的广泛加工与使用，导致了全球温室效应加剧。为了保护环境，用于散热的材料在工业生产与科学研究中逐渐走向热门。其中，散热方式主要分为主动散热和被动散热。主动散热依赖于外部能源，例如风扇或液体冷却系统，来加速热量的传输和排放。被动散热则依赖于自然热传导和辐射，不需要外部能源。主动散热的优点包括高效的热量排放和温度控制。然而，主动散热存在能源消耗、噪声产生、成本维护等缺点。为了克服主动散热的缺点，发展被动散热方法逐渐走向研究热门。被动散热通过设计更好的散热结构、使用导热材料以及优化设备布局来利用自然热传导和辐射实现温度控制。被动散热不需要外部能源，因此可以降低能源消耗和噪声产生，同时减少了设备维护成本。其中纳米类流体为被动散热提供了新的思路。

5.4.1 纳米类流体提升聚合物的导热系数

纳米类流体在器件散热过程中起到了非常重要的作用。其散热机理可从以下几个方面进行解释。第一，纳米类流体内部的纳米颗粒作为纳米类流体内部的核结构，使分子链热运动中会在更高的频率和更短的距离之间进行碰撞，促进了热量的传导。第二，纳米颗粒的较大表面积增加了与周围流体分子的接触，进一步促进了热量的传递。第三，纳米类流体中的纳米颗粒还可以通过与周围流体分子发生分子动量交换来增强散热效果。当纳米颗粒与周围分子发生碰撞时，它们能够吸收更多的能量，并在接触到更远的分子时将这些能量释放出来。这种分子动量交换促进了能量在纳米类流体中的快速传递，从而加快了散热过程。

殷（Yin）等通过在碳纳米管表面共价接枝两种硅烷分子制备MCNTFs，并与NPES进行离子交换反应，然后通过在棉织物表面喷涂MCNTFs得到了高导热复合棉织物。MCNTFs的合成路线如图5-12（a）所示。将羟基化后的碳纳米管分散在去离子水中，与DC5700和γ-氨丙基三乙氧基硅烷（KH550）混合得到改性碳纳米管。随后，改性碳纳米管与NPES进行了离子交换反应，最终得到了MCNTFs。由于MCNTFs的高导热性，棉织物的导热系数随着纳米类流体含量的增加而增加［图 5-12（b）］。棉织物和 MCNTFs/棉复合织物的温度随时间的变化函数如图 5-12（c）所示。棉织物的温度在 135s 内从最初的 18℃缓慢上升到最大值 26.92℃，然后达到热平衡，而 MCNTFs/棉复合织物在 30s 内急剧上升到最大值 27.9℃。图 5-12（d）为棉织物和 MCNTFs/棉复合织物随时间变化的红外热像图，结果表明在棉织物表面引入 MCNTFs 可以有效增强其导热性。

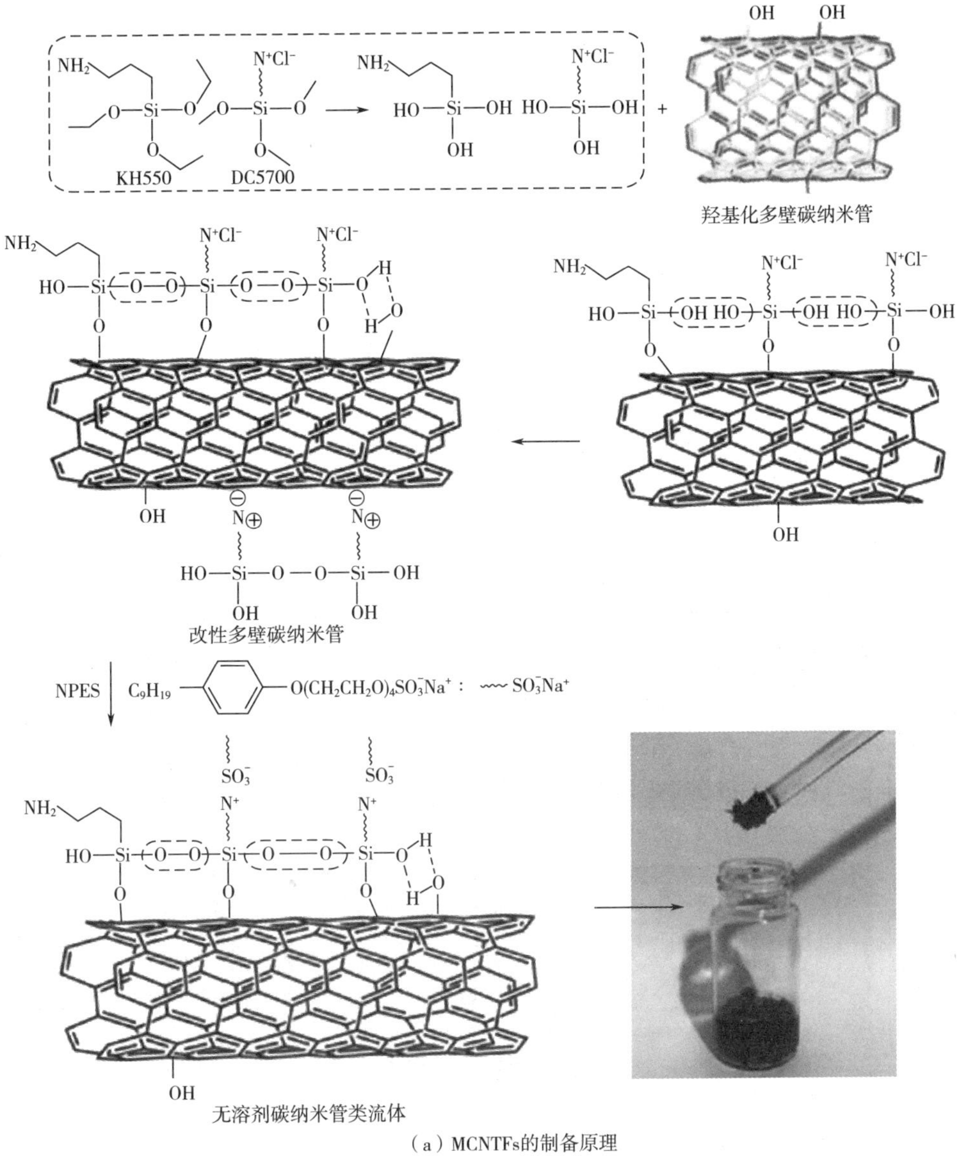

羟基化多壁碳纳米管

改性多壁碳纳米管

NPES　C_9H_{19}—⟨苯环⟩—$O(CH_2CH_2O)_4SO_3^-Na^+$ ：〰 $SO_3^-Na^+$

无溶剂碳纳米管类流体

（a）MCNTFs的制备原理

图 5-12

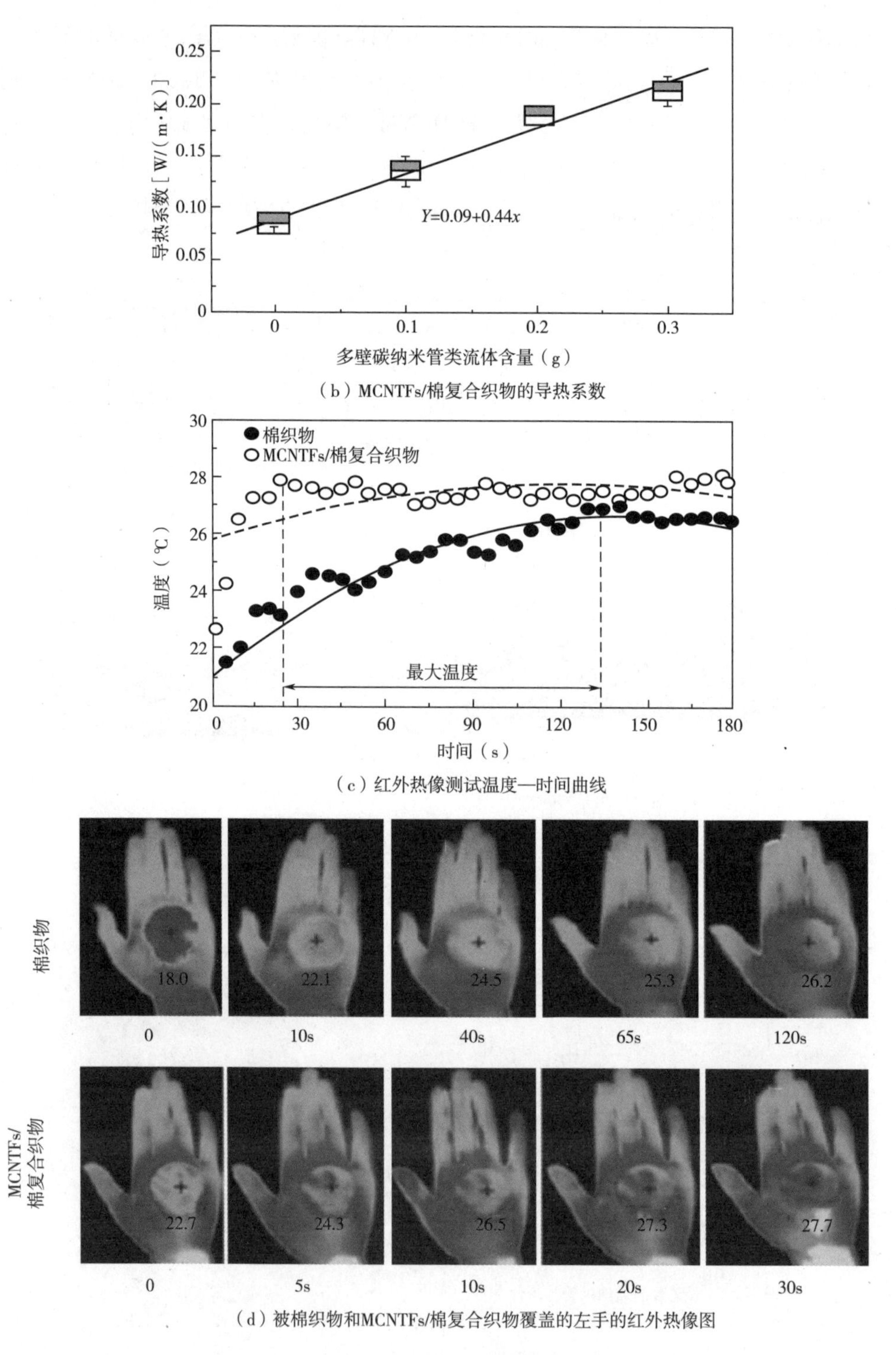

（b）MCNTFs/棉复合织物的导热系数

（c）红外热像测试温度—时间曲线

（d）被棉织物和MCNTFs/棉复合织物覆盖的左手的红外热像图

图 5-12　MCNTFs 的制备原理与导热性能

申（Shen）等通过在碱性环境下对氮化硼进行DC5700表面活化和NPES离子交换制备了一种具有类液体行为的无溶剂氮化硼类流体（BNfs）。这种新型材料具有出色的性能，并被应用于聚乳酸（PLA）静电纺丝纤维膜中，为膜赋予了多种功能。研究结果显示，将质量分数15%和20%的BNfs掺入膜中后，膜的表面润湿性从纯PLA的疏水性转变为超亲水性，并表现出优异的透湿性能。这种透湿性对于一些应用非常重要，如湿度调节和呼吸性材料。与纯PLA相比，负载了BNfs质量分数20%的PLA/BNfs纤维膜的导热系数提高了2.9倍，这归功于BNfs在纤维膜中的引入，其良好的导热性使热量能够更快地传导并分散，有效降低了膜的温度。通过将BNfs掺入聚PLA纤维膜中，使PLA/BNfs纤维膜表现出超亲水性、优异的透湿性、增强的导热系数和更好的力学性能。这些特性使PLA/BNfs纤维膜具有广泛的应用潜力。

为了进一步提高纺织品的舒适度，申（Shen）等采用静电纺丝法将无溶剂纤维素类流体（CNCfs）包埋在生物基PLA纤维膜内，设计了多功能可生物降解复合纤维。充分利用CNCfs的低黏度、两亲性和高分散性特点，制备了具有可调表面化学性能和优异力学性能（同时增塑和增强）的PLA生物基纤维膜。静电纺丝后，PLA纤维膜具有独特的双层离子结构，以及明显的超亲水性（水接触角为0），吸水能力增强，水蒸气透过率（WVTR）为3.612kg/(m^2·h)，是纯PLA纤维膜的81倍。最重要的是，CNCfs可以影响其散热性能。实验结果表明，当纤维膜接触左手时，纯PLA纤维膜的温度上升到25.8℃，PLA/CNCfs20纤维膜的温度上升到29.7℃。在120s后，PLA/CNCfs20纤维膜温度稳定在31.1℃，仍比纯PLA纤维膜高2℃。当CNCfs质量分数小于10%时，导热系数略有增加，证明了有效的隔热。当CNCfs质量分数大于10%时，导热系数迅速增大，当CNCfs质量分数在20%时，散热性能最佳。热能通过水蒸气传递到纤维膜上，大部分水蒸气滞留在纤维膜表面形成水化壳。随后，随着黏度的降低，吸收的热量迅速传递到CNCfs。最后，利用水蒸气蒸发和纳米类流体的吸热效应，纤维膜对皮肤进行冷却。表面温度越高，表明纤维膜吸收的热量越多，因此汗液蒸发速度越快，从而满足人体舒适度的要求。

此外，吸湿设计还赋予了PLA/CNCfs纤维膜抗静电性能，对大肠杆菌和金黄色葡萄球菌的抗菌活性分别为98.5%和92.7%。总之，这种简单有效的方法为制造多功能可生物降解纤维膜提供了一条有效的途径，可用于环境友好型医用纺织品、个人防护和人体健康应用。

肖（Xiao）等为解决CF增强聚合物界面性能差、导热性差的问题，制备了一种基于无溶剂 GO@ Fe_3O_4纳米类流体（GFNF）杂化的水基施胶剂。GFNF 制备过程如图 5-13（a）所示，首先将 M2070 和 KH560 在机械搅拌下溶解于甲醇中，然后将 GO@ Fe_3O_4纳米颗粒加入透明溶液中。最后，去除黑色液体溶剂，在55℃下干燥 8h，得到 GFNF。在纤维表面涂上 GFNF 混合施胶剂，增强了 CF 与 EP 之间的界面附着力［图 5-13（b）］。2.5-GFNF/CF/EP（2.5-GFNF 由浆料制备过程中纳米类流体的质量比决定）的导热系数达到了 3.099W/（m·K）的最大值，比商用 CF/EP 高 128.9%［图 5-13（c）］。这种现象可归因于在界面处创造了连续的热传导途径。因此，用 GFNF 复合施胶剂修饰 CF 是一种改善 CF 填充聚合物复合材料界面性能和导热性能的有效方法。

5.4.2 纳米类流体在辐射制冷中的应用

随着全球变暖加剧，热相关疾病在室外环境中严重威胁人体健康。高冷却成本约占全球电力支出的 15%，传统冷却系统依赖化石燃料消耗，导致温室气体排放和能源浪费。用作辐射制冷的个人热管理（PTM）材料应运而生，通过新兴的辐射冷却方法，在室外不需额外能源即可降温，具有零能耗、低成本和环境可持续性的优势。然而，辐射制冷的应用主要存在以下问题：第一，用于辐射制冷的材料（如醋酸纤维素、热塑性聚氨酯、聚乳酸），虽然辐射效率很高，但大多数多孔结构需要复杂或昂贵的技术（如光刻）来实现。第二，不理想的力学性能（如弹性模量、杨氏模量）和较差的空气透湿性（如多孔醋酸纤维素膜），使其难以在 PTM 系统中开发。第三，具有辐射制冷的材料在使用过程中的制冷性能较差，并且透气、透湿问题无法主动解决，如织物的排汗问题。由于纳米类流体在辐射制冷材料中存在类似相变过程的吸热，在吸热过程中温度不会发生改变或变化较小。同时，纳米类流体的热容量大有助于辐射制冷过程中快速吸收和传递热量，从而提高辐射制冷效率。随着能量的吸收，纳米类流体系统的温度短时间内不会升高。无溶剂纳米类流体在辐射制冷中可能具有一些潜在优势。由于它们不会发生气体相变，因此在辐射制冷过程中，它们不会消耗额外的能量来转换为气体。这可以使辐射制冷过程更加高效。通过二氧化钛纳米类流体在醋酸纤维素静电纺丝过程中改性，从而达到改善 PTM 在辐射制冷过程中散热量低的同时，提高醋酸纤维素基电纺膜的透气、排汗能力，使 PTM 有望广泛应用于辐射制冷。

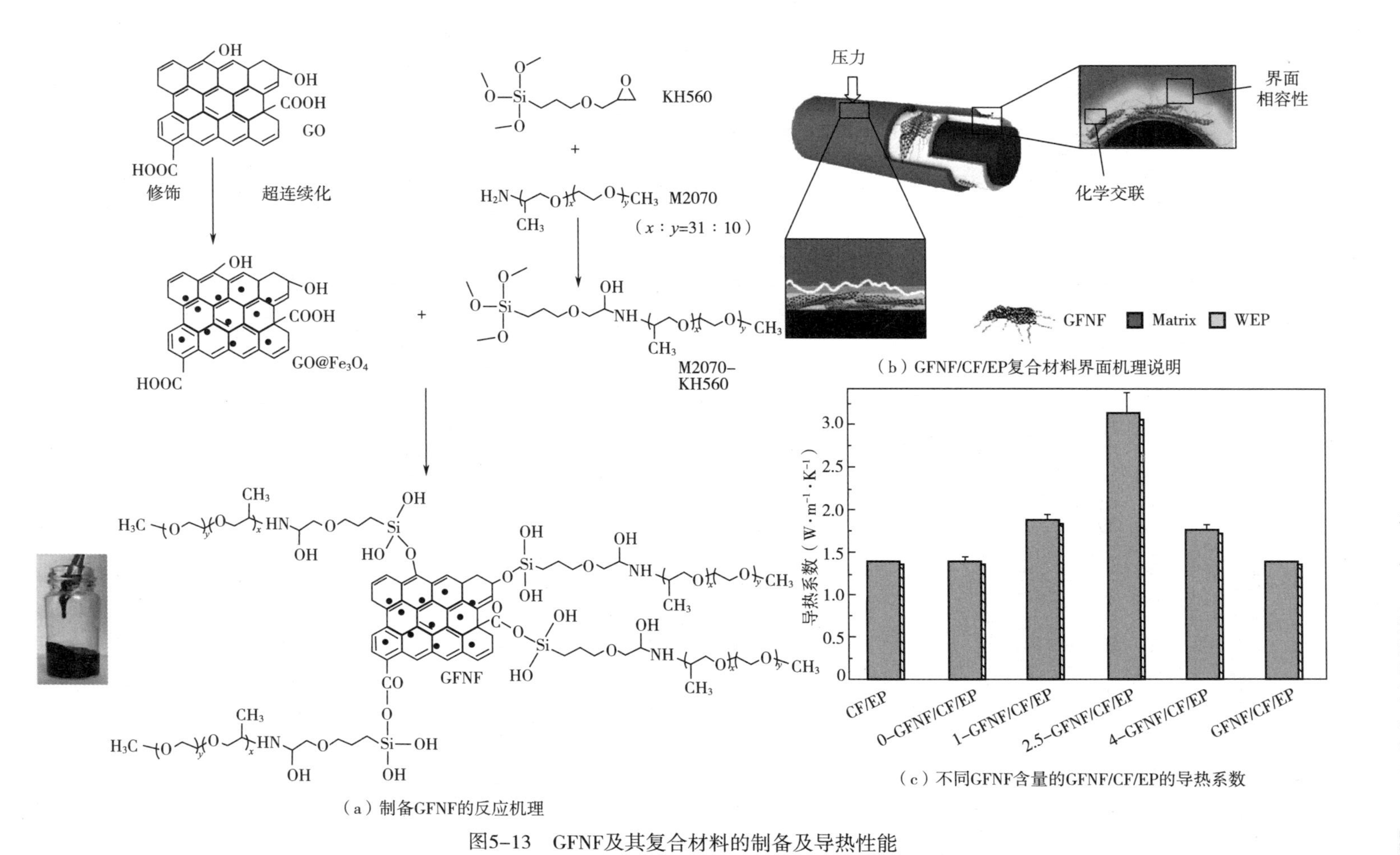

（a）制备GFNF的反应机理

（b）GFNF/CF/EP复合材料界面机理说明

（c）不同GFNF含量的GFNF/CF/EP的导热系数

图5–13　GFNF及其复合材料的制备及导热性能

5.5 含油废水处理

石油化学工业的迅速发展导致全球范围内发生严重的海洋溢油事故，造成资源浪费和生态破坏。解决这一问题的关键是开发高效的油水分离技术，以降低油水乳液的黏度，并实现原油的快速回收。目前已有一些有前景的吸附材料用于油水分离，但分离技术对高黏度原油效果不佳，且可能带来负面环境影响。针对这些问题，无溶剂纳米类流体被用于解决油类降黏、难以吸附的问题并在油水分离领域展现出重要的作用。

用于吸附材料的无溶剂纳米类流体被认为是有前途的溢油污染修复材料之一。高黏度原油的流动性较差，因此原油在多孔材料孔隙中的扩散速率较慢，最终导致分离和处理效率低下。目前，用于高黏度原油的降黏技术主要包括物理方法和化学方法。物理降黏法通过加热来降低原油的黏度，从而提高其流动性，实现快速回收。然而，由于原油容易沉积在吸附剂材料表面，这会降低从吸附剂中提取原油的效率。化学降黏法是通过加入乳化液将高黏度原油乳化成低黏度的水包油乳液，然后进行吸附和回收。然而，常规的分子乳化剂性质不稳定，且耐候性差，不适应恶劣环境。而无溶剂纳米类流体具备良好的耐候性和稳定性，在使用过程中适用于高温、酸碱等环境。

此外，无溶剂纳米类流体是由纳米颗粒和有机柔性长链分子构成的材料，具有类液体的行为特性。这使纳米类流体在油水分离方面具有灵活的调控能力。在处理高黏度原油时，纳米类流体作为吸附剂材料表现出优异的吸附和分离性能。通过调节纳米颗粒和有机柔性长链分子的结构和化学成分，纳米类流体能够实现高效的吸附和降黏效果。相比传统吸附剂材料，纳米类流体具有更好的吸附效率和回收性能，可以高效地吸附和回收不同黏度的原油，这为溢油污染修复提供了一种可行的解决方案。在油水分离过程中，纳米类流体可以作为分离膜材料高效分离油水乳液。通过进一步研究，纳米类流体有望成为解决超黏性原油和油水分离等关键技术问题的方案之一。

5.5.1 纳米类流体在原油吸附中的作用

无溶剂纳米类流体是具有类液体行为的纳米材料。它们是由有机柔性长链分子以足够高的吸附密度固定在纳米颗粒（核心）表面形成的。通过调整无机纳米颗粒核心、颈层和冠层的结构和化学成分，可以灵活地调控纳米类流体的化学和物理性质。受此启发，并考虑到各种有机长链结构，发现 NPES 亲水链段上的磺酸盐是一种典型的乳化剂。因此，选择 NPES 作为纳米类流体的保护层，并将其固定在纳米颗粒表面，从而获得无溶剂纳米类流体乳化剂。与分子乳化剂相比，纳米类流体乳化剂具有结构更稳定、耐风化性更好、可回收利用等优点。

李等报道了一种利用太阳能辅助二氧化硅纳米类流体来协同降低原油黏度的方法，该方法可以直接改性商用海绵，利用改性商用海绵实现原油的快速吸附和高效回收。用聚多巴胺（PDA）和二氧化硅对商用聚氨酯（PU）海绵骨架进行简单浸渍，得到了具有高孔隙率、缓变性和耐久性的改性海绵（PSiNFs@ PU）。二氧化硅的长疏水链迅速捕获水面上的原油分子，并将其输送到海绵内部。随后，利用二氧化硅的亲水链段将黏性原油乳化成黏度较低的水包油型乳状液，促进了原油在海绵孔隙中的运移和剥离，并保持了较高的输运率。由于二氧化硅纳米颗粒与多巴胺层光热性能的协同优势，与商用聚氨酯海绵相比，改性海绵的吸油能力提高了 10%，对黏性原油的吸收率提高了 3 个数量级，并且在 10 次循环后，其原油采收率稳定在 90%以上。PSiNFs@ PU 海绵的光热效应及原油吸附性能如图 5-14 所示。

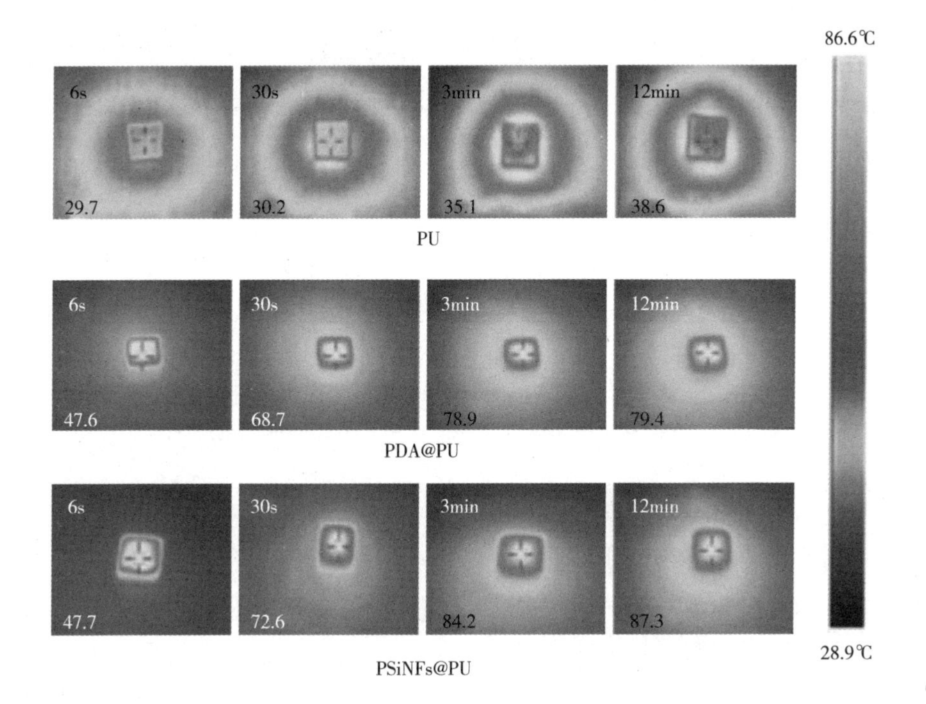

（a）PU、PDA@PU和 PSiNFs@PU海绵在一次太阳照射下的热像图

图 5-14

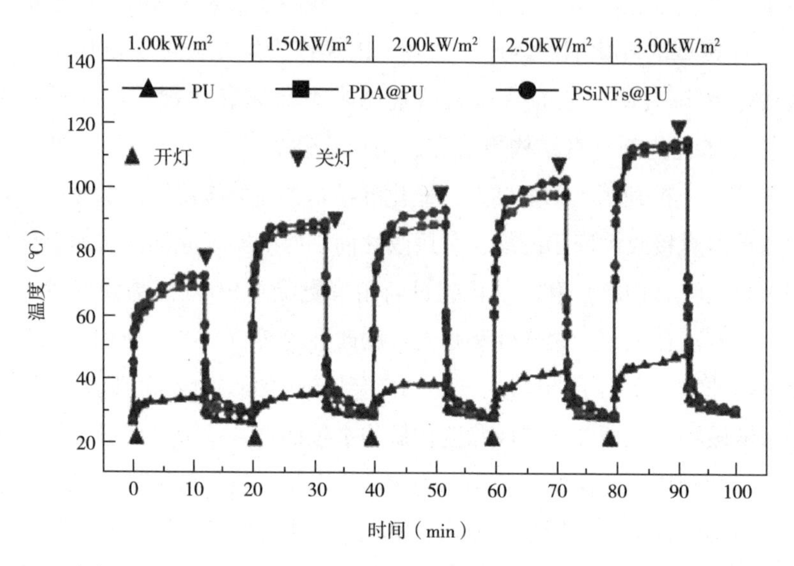

（b）PU、PDA@PU和PSiNFs@PU海绵在不同强度的模拟阳光照射下的温度与时间曲线

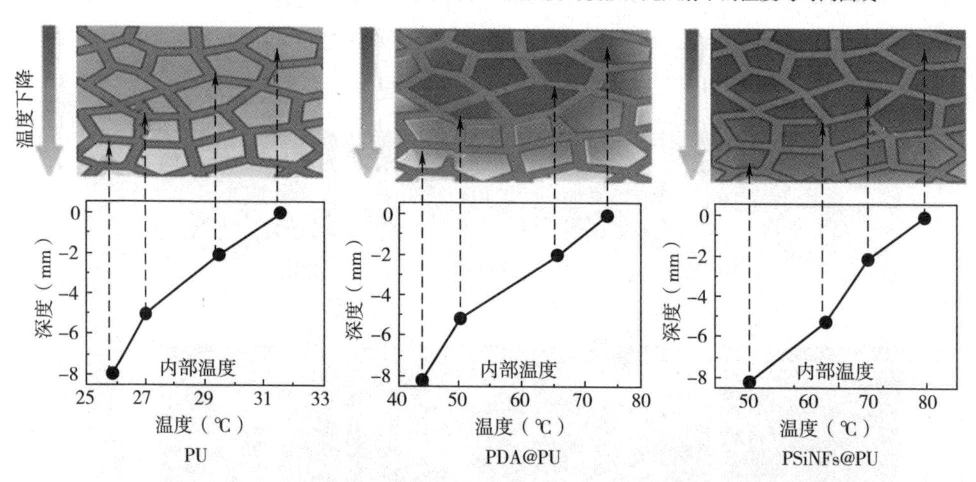

（c）PU、PDA@PU和PSiNFs@PU海绵相同光强下不同深度的温度分布示意图

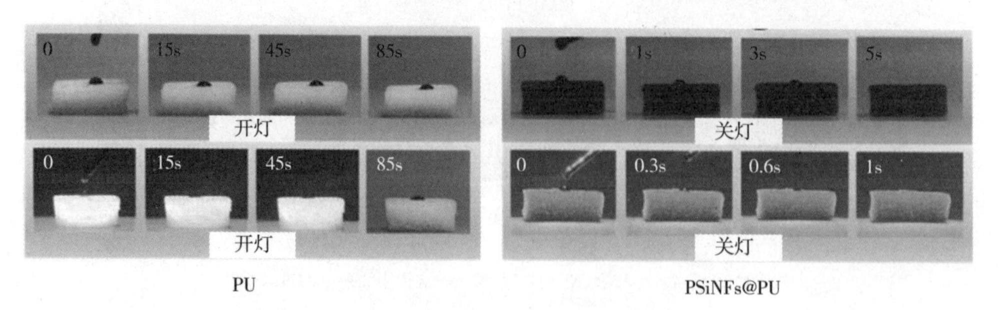

（d）原油液滴在PU和PSiNFs@PU表面的渗透行为

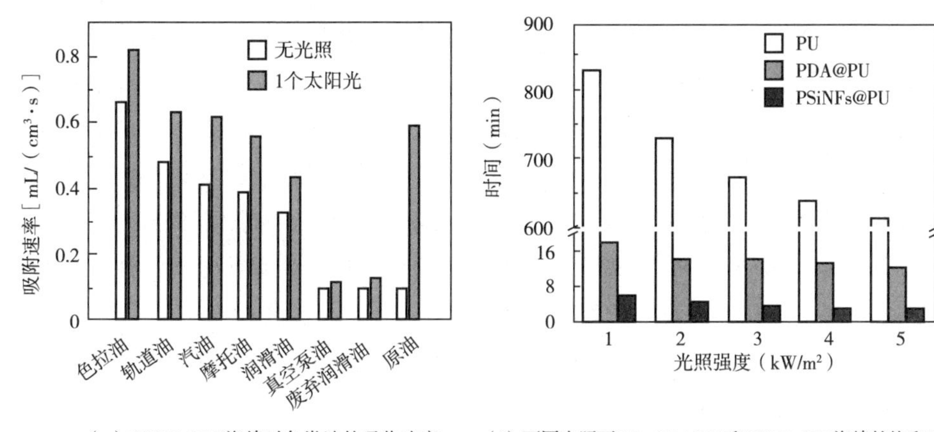

（e）PSiNFs@PU海绵对各类油的吸收速度　（f）不同光照下PU、PDA@PU和PSiNFs@PU海绵的饱和度

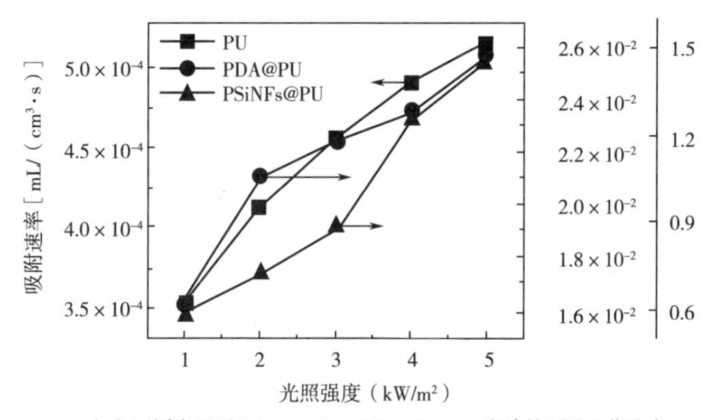

（g）不同光照下PU、PDA@PU和PSiNFs@PU海绵的原油吸收速度

图 5-14　PSiNFs@ PU 海绵的光热效应及原油吸附性能

5.5.2　纳米类流体在油水分离中的作用

石油泄漏和含油废水的排放已经成为一个全球性的挑战，造成了严重的环境污染。为了处理油/水混合物，特别是在处理高度乳化的油水（O/W）乳液时，膜分离技术，特别是具有独特润湿性能的非对称 Janus 膜，以其低成本、高效率、易操作、无二次污染等优点备受关注。虽然 Janus 纤维膜的润湿性能可以通过表面涂层或接枝亲水层或聚合物来实现。但是，这些方法可能导致孔通道堵塞和分离通量降低。为了解决这些挑战，通过静电纺丝开发有机/无机嵌入纤维显示出了优势。

程（Cheng）等通过 DC5700 和 NPES 对羧甲基壳聚糖进行加工，合成了羧甲基壳聚糖类流体（CMCfs）。然后在静电纺丝 PVDF 膜的一侧喷涂 CMCfs 获得 CMCfs@ PVDF。在 CMCfs 的电场力和自迁移特性的协同作用下，纳米纤维亚表面由内向外生成了带有两性离子聚合物链的多糖类流体，形成了坚固的超亲水性纳米涂层（水接触角<5°）。原位生长的超亲水性 CMCfs 涂层改变 PVDF 膜的润湿性后，还增强了 CMCfs@ PVDF 膜的耐洗性和结构稳定性。此外，CMCfs 赋予了 Janus PVDF 膜出色的分离效率（>99.5%）、高渗透通量［高达 4325L/(m^2 · h · bar)］、抗菌活性（>99%）和防污性能。原位生长包膜技术在分离含油废水和微生物废液方面具有成本效益和可扩展性。

综上，纳米类流体在原油吸附和油水分离方面发挥着重要的作用。通过调节纳米颗粒和有机柔性长链分子的结构和化学成分，实现了灵活的调控，从而提供了高效的吸附和分离性能。在原油吸附方面，纳米类流体可以作为吸附剂材料用于溢油污染修复。纳米类流体具有结构稳定、耐候性好和可回收利用等优点，可以高效地吸附和回收不同黏度的原油。在油水分离方面，纳米类流体可以作为分离膜材料用于高效分离油水乳液。采用纳米类流体制备的分离膜具有独特的润湿性，能够选择性地分离油包水和水包油乳液。通过表面涂覆或接枝方法，可以调节纳米类流体的润湿性，实现对不同类型的油水乳液的高效分离。

5.6 生物医用

在生物医用领域，纳米类流体主要可应用于药物释放和抗菌技术方面。在药物释放的过程中，大部分药物载体对药物的释放是不稳定的，并且难以达到药物缓释的效果。这使药物吸附时间较长且释放不持续，限制了其在药物递送中的应用。而多孔类流体是一类具有永久孔隙率的材料，具有类液体的流动性以及化学和热稳定性的优点。相比传统的非均质给药材料沸石咪唑酸盐骨架（ZIF），多孔类流体技术使 ZIF 材料在溶剂中以相对均匀的形式存在，从而提高药物吸附效率并很好地分散在培养基中，实现药物持续释放和与水凝胶良好的相容性。此外，纳米类流体为抗菌技术提供了一种新的思路。在纳米类流体表面的冠层结构中，以 DC5700 和 NPES 为例，两链段间存在强大的静电作用，细菌黏附于类流体表面后，长链的静电作用在细菌接触后导致细菌破裂，同时疏水的长烷基链渗透到细胞膜中，进一步杀死细菌。这些都有助于纳米类流体在生物医学领域中取得重要的应用前景。

5.6.1　纳米类流体在药物缓释方面的应用

药物释放在生物医学应用中是一个重要的研究领域。ZIF 是一种有潜力的药物递送系统，因其可控的孔径、pH 反应性、低细胞毒性和良好的生物相容性备受关注。然而，直接应用 ZIF 材料作为药物递送系统受到 ZIF 自身不溶性固体颗粒特性的限制，导致药物的载药过程通常以非均相形式进行，表现出吸附时间和药物释放不持续，这限制了其在药物递送中的应用。此外，ZIF 材料与药物水凝胶之间的相容性差，可能导致复合材料的力学性能不理想，进而影响敷料在伤口愈合中的效果。为解决这些问题，多孔类流体（PL）技术被引入研究中。

翁（Weng）等报道了一种通过 DC5700 进行，表面改性和 NPES 进行接枝处理制备的 ZIF-91 多孔类流体（ZIF-91-PL）。ZIF-91-PL 的表面改性和离子交换化学合成过程如图 5-15 所示。ZIF-91-PL 的阳离子性质不仅使其具有抗菌性，而且具有高姜黄素负载能力和缓释性。而载有 ZIF-91-PL 的水凝胶在伤口愈合过程中，创面表现出明显的闭合，并且创面愈合速度明显快于对照组。在第 10~14 天，载有 ZIF-91-PL 的水凝胶对感染的糖尿病伤口组织具有明显改善的愈合效果，这是由于在水凝胶内的多孔类流体对药物的缓释结果。更重要的是，ZIF-91-PL 接枝侧链上的丙烯酸酯基团使通过光固化与改性明胶交联成为可能。这项工作克服了 ZIF 材料药物释放不均匀和相容性差的问题，从而增强药物递送系统的效率和稳定性，提高敷料在伤口愈合过程中的应用效果。同时证明了基于 MOF 的多孔类流体用于药物递送的优势，复合水凝胶的进一步制备可能在生物医学科学中具有潜在的应用前景。

5.6.2　纳米类流体的抗菌效应

纳米类流体的抗菌机理来自类流体的化学结构。一方面，纳米类流体表面含有大量的超亲水性基团，有利于细菌黏附。另一方面，位于纳米类流体核—壳结构的抗菌基团（如带 N^+ 的 DC5700）延伸到表面并通过静电相互作用与细菌接触，然后疏水的长烷基链渗透到细胞膜中，导致细菌破裂。

申（Shen）等利用了无溶剂球形纤维素类流体（CNCfs）作为绿色抗菌剂，通过嵌入纤维中来显著提高 PLA 纤维膜的抗菌效率。与涂覆在纤维表面的抗菌剂不同，嵌入纤维的 CNCfs 抗菌剂不易脱落，在外力作用下不会被破坏，从而获得优异的抗菌活性。随着 CNCfs 含量升高，大肠杆菌和金黄色葡萄球菌细菌菌落在琼脂平板的数量分别从 209CFU/mL 和 41CFU/mL 下降到 3CFU/mL 和 3CFU/mL，

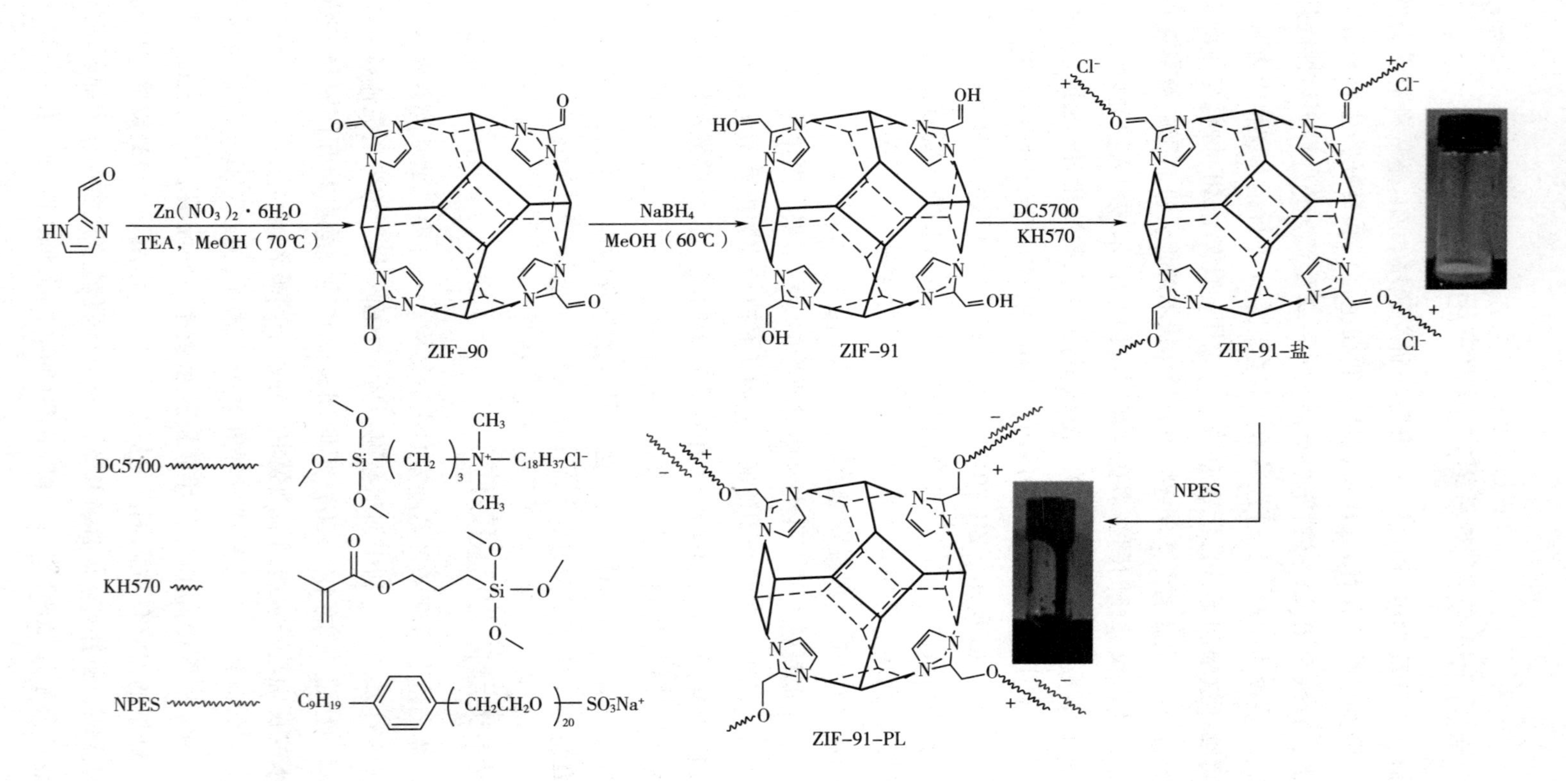

图 5-15　ZIF-91-PL的表面改性和离子交换化学合成过程

表明 PLA/CNCfs 纤维膜的抗菌活性增强，肉眼也可以观察到。同时，对大肠杆菌和金黄色葡萄球菌的抗菌率分别为 98.5%和 92.7%。此外，即使在冲洗 24h 后，PLA/CNCfs 纤维膜仍保持超亲水性，表明部分 CNCfs 仍位于 PLA 纤维表面。

于（Yu）等利用无溶剂二氧化钛纳米管类流体（TiO_2 NFs）静电纺丝获得了具有良好的韧性、亲水性和抗菌活性的 PLA/TiO_2纳米类流体（NFs）纤维膜。由于 PLA/TiO_2纳米纤维具有优异的亲水性和抗菌活性，过滤前细菌的生长速率急剧增加，而 TiO_2 NFs 修饰的 PLA 膜对过滤后的细菌生长有抑制作用。此外，TiO_2 NFs 改性 PLA 膜的分离效率高达 90%。经 TiO_2 NFs 改性的 PLA 膜具有良好的抗菌活性和分离效率。过滤后，TiO_2 NFs 修饰的 PLA 膜前侧附着大量大肠杆菌，背面未检出菌落，显示出较好的分离和防污能力。此外，还发现少数大肠杆菌黏附在织物表面，而几乎所有的大肠杆菌均收缩和死亡，这是由于织物表面的 DC5700，对细菌的外膜有一定的杀灭作用，即 PLA/TiO_2 NFs 的织物表现出抗菌活性。因此，提高抗菌活性对分离膜特别是处理微生物污染的水非常有帮助。

5.7　荧光量子点

熊（Xiong）等通过一种简单、可重复、有效的方法，开发了一种基于 CdSe/CdS/ZnS 核/壳/壳无溶剂量子点（QDs）类流体的新型纳米离子材料（NIM），具有优异的发光性能。高效荧光水溶性 QDs 的相转移过程如图 5-16（a）所示。用巯基丙酸（MPA）钝化季铵盐 NPEQ$[C_9H_{19}C_6H_4(OCH_2CH_2)_{10}O(CH_2)_2N^+(CH_3)_3Cl]$，再用 NaOH 去质子化。最后将 NPEQ 溶解于氯仿中，通过离子交换在水中提取阴离子稳定 QDs，得到高效荧光水溶性 QDs。如图 5-16（b）所示，合成 QDs（F-QDs）的 TEM 图像在宽视场范围内表现出良好的单分散性，没有明显的聚集现象。此外，在紫外线激发下，F-QDs 发出橙色光，表明其具有优越的荧光特性［图 5-16（c）］。F-QDs 在室温下表现为均匀黏性的类液体行为。因此，利用这种提取方法可以制造其他无溶剂的半导体纳米晶体和贵金属纳米颗粒。

李（Li）等通过组装的 PEG 链制造了一系列流体状的 QDs。如图 5-16（d）所示，通过巯基乙酸-QDs 与 PEG 取代叔胺在水溶液中的反应制备修饰的 CdTe QDs，得到的量子点具有固—液可逆和高效荧光特性，并调整反应温度，实现多发射功能。通过简单地控制温度可以制备出可控的多发射量子点纳米类流体。合成的 QDs 纳米类流体的电子图像和发光光谱清楚地显示出流体样和荧光的特征

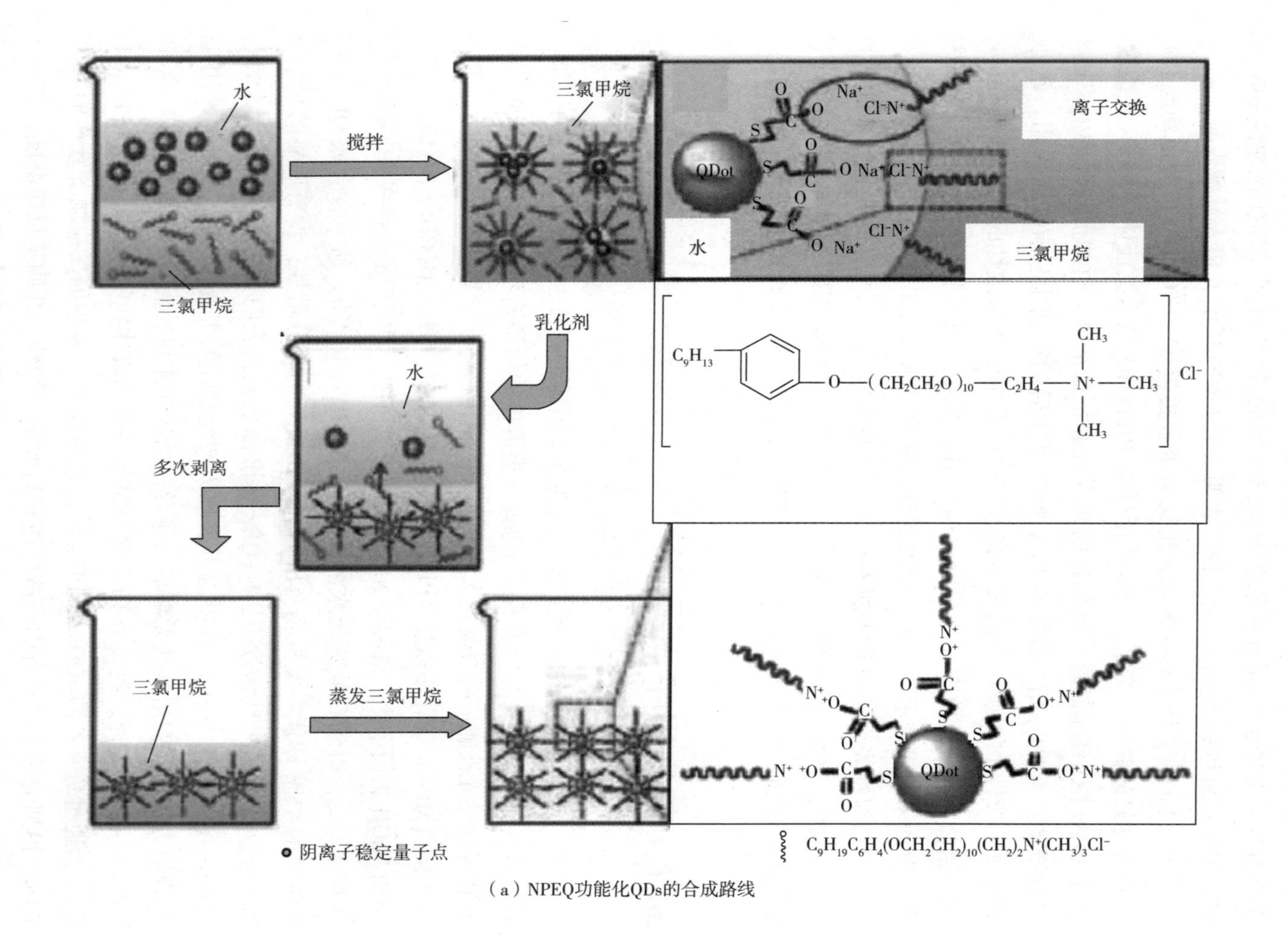

（a）NPEQ功能化QDs的合成路线

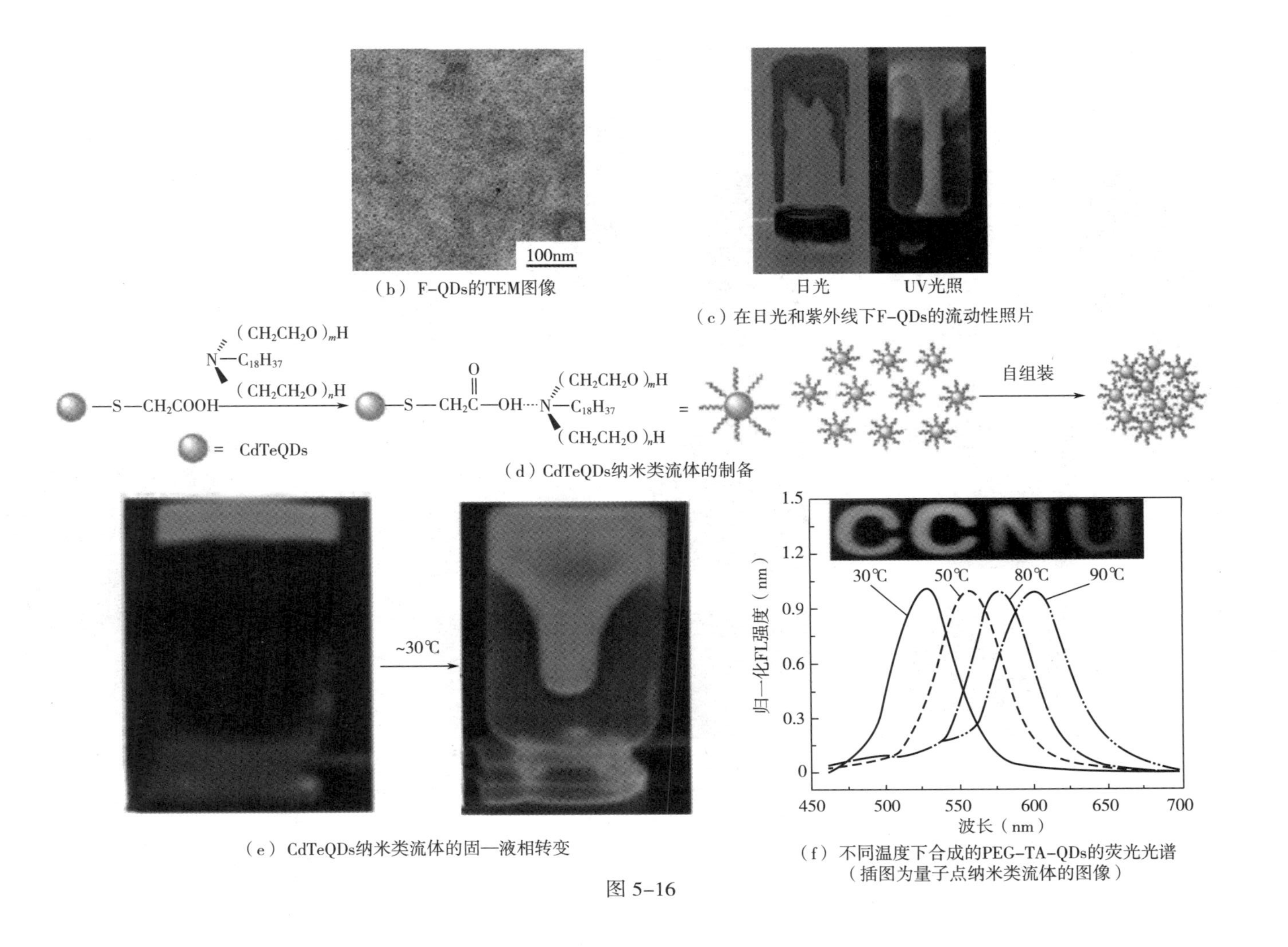

（b）F-QDs的TEM图像

（c）在日光和紫外线下F-QDs的流动性照片

（d）CdTeQDs纳米类流体的制备

（e）CdTeQDs纳米类流体的固—液相转变

（f）不同温度下合成的PEG-TA-QDs的荧光光谱（插图为量子点纳米类流体的图像）

图 5-16

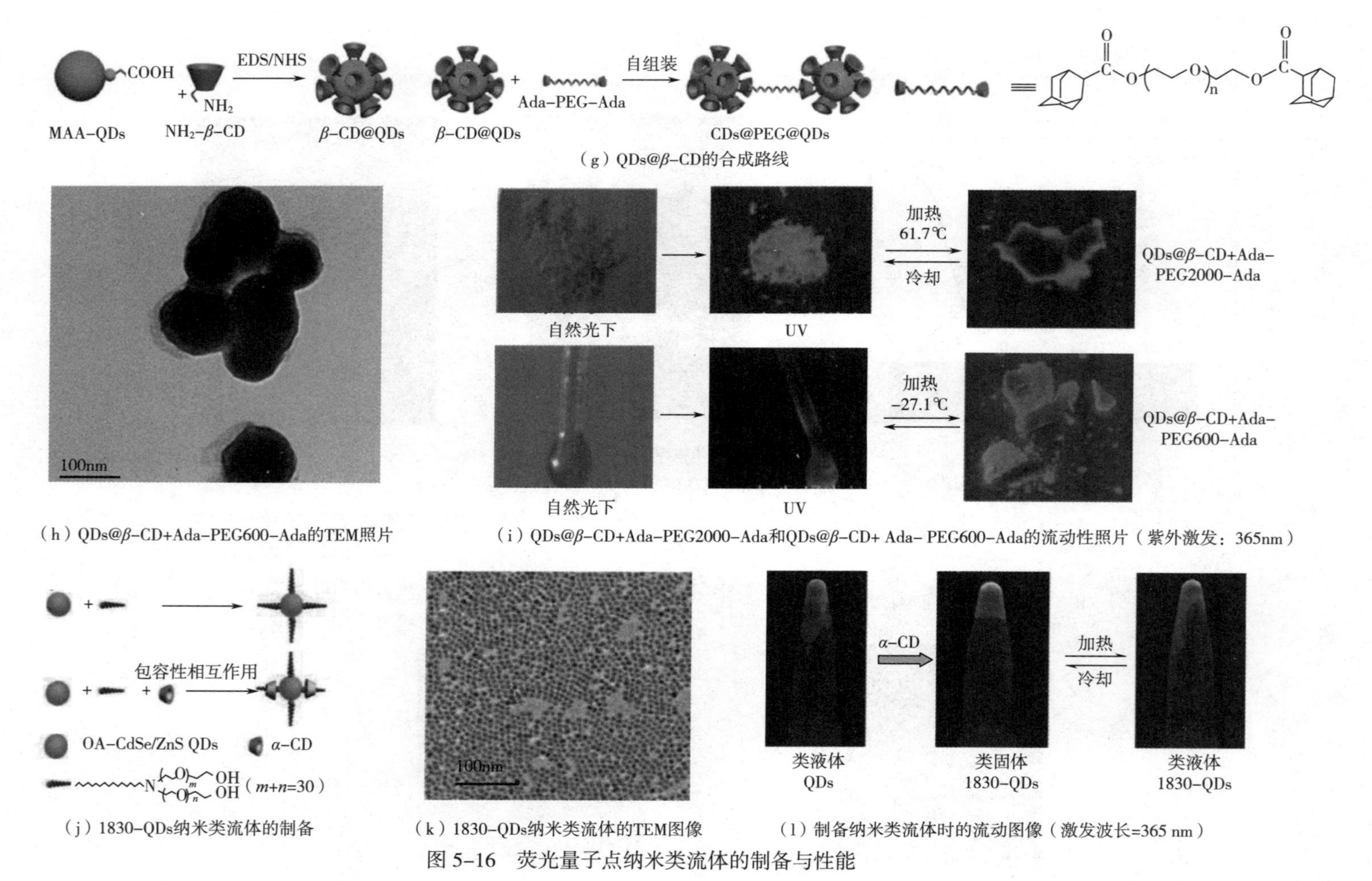

(g) QDs@β-CD的合成路线

(h) QDs@β-CD+Ada-PEG600-Ada的TEM照片

(i) QDs@β-CD+Ada-PEG2000-Ada和QDs@β-CD+ Ada- PEG600-Ada的流动性照片（紫外激发：365nm）

(j) 1830-QDs纳米类流体的制备

(k) 1830-QDs纳米类流体的TEM图像

(l) 制备纳米类流体时的流动图像（激发波长=365 nm）

图 5-16　荧光量子点纳米类流体的制备与性能

［图5-16（e）（f）］。由于β-环糊精（β-CD）和金刚胺之间的强相互作用，通过在QDs表面接枝柔性PEG链来组装QDs纳米类流体［图5-16（g）］。图5-16（h）展示了QDs纳米类流体的随机聚集现象，这可以归因于扩展和柔性PEG链之间的强大纠缠相互作用。具有较强绿色荧光的量子点呈蜡状固态。此外，PEG600修饰的QDs即使从室温冷却到-27.1℃变成固体状态，也表现出了很强的绿色荧光［图5-16（i）］。基于α-环糊精（α-CD）和PEG链的强封装相互作用，超分子量子点（1830-QDs）纳米类流体被提出［图5-16（j）］。超分子量子点纳米类流体的TEM图像如图5-16（k）所示，显示出完美的单分散现象，没有任何聚集。与之前报道的类似，QDs和1830-QDs纳米类流体表现出类似流体的行为和荧光特性［图5-16（l）］。因此，自组装方法被认为是方便、简单、快速的方法，并且可以提高荧光量子点的产率。

5.8　结构设计

熊（Xiong）等通过用芳基重氮盐和还原剂处理脱落的氧化石墨烯，然后与低聚季铵盐进行离子交换，从蒸发的胶体悬浮液中获得导电、两亲性和高度展开的自展开石墨烯片（SU-G）。氧化石墨烯的展开构型如图5-17（a）~（d）所示，从图中可以看出，氧化石墨烯纳米类流体（GONFs）在形态上与原始形态有明显不同，表明了展开过程。GONFs的流变特性如图5-17（e）和图5-17（f）所示，在测量温度范围内，G''始终高于G'，GONFs呈液态。观察到，GONFs在室温下为不含溶剂的黏性流体，表现为盐熔，稍加热时流动性更优。因此，自驱动展开特性为大规模生产石墨烯片提供了有效方法。

谭等通过纳米类流体模板报道了多功能多孔结构，具有优异的抗菌活性、超亲水性和透气性。改变各种纳米类流体的负载，以及调整不同电荷的无机纳米颗粒核和有机长链等多种功能组分，可以调节多孔聚合物的功能。二氧化钛类流体（Tifs）和多孔壳聚糖/聚乙烯醇二氧化钛类流体（PCPTifs）膜的制备工艺如图5-18（a)所示。具体而言，通过在TiO_2表面接枝聚硅氧烷季铵盐（PQAS），然后与NPES进行离子交换制备Tifs。然后在聚乙烯醇膜表面涂覆Tifs，制备了壳聚糖/聚乙烯醇（CP Tifs）膜。最后，将得到的CP Tifs膜浸入NaCl溶液中去除NPES，生成PCPTifs（即多孔CPTifs）膜。PCPTifs-0.5，PCPTifs-1.0，PCPTifs-1.5和PCPTifs-2.0（Tifs质量分数为0.5%，1.0%，1.5%和2.0%）关

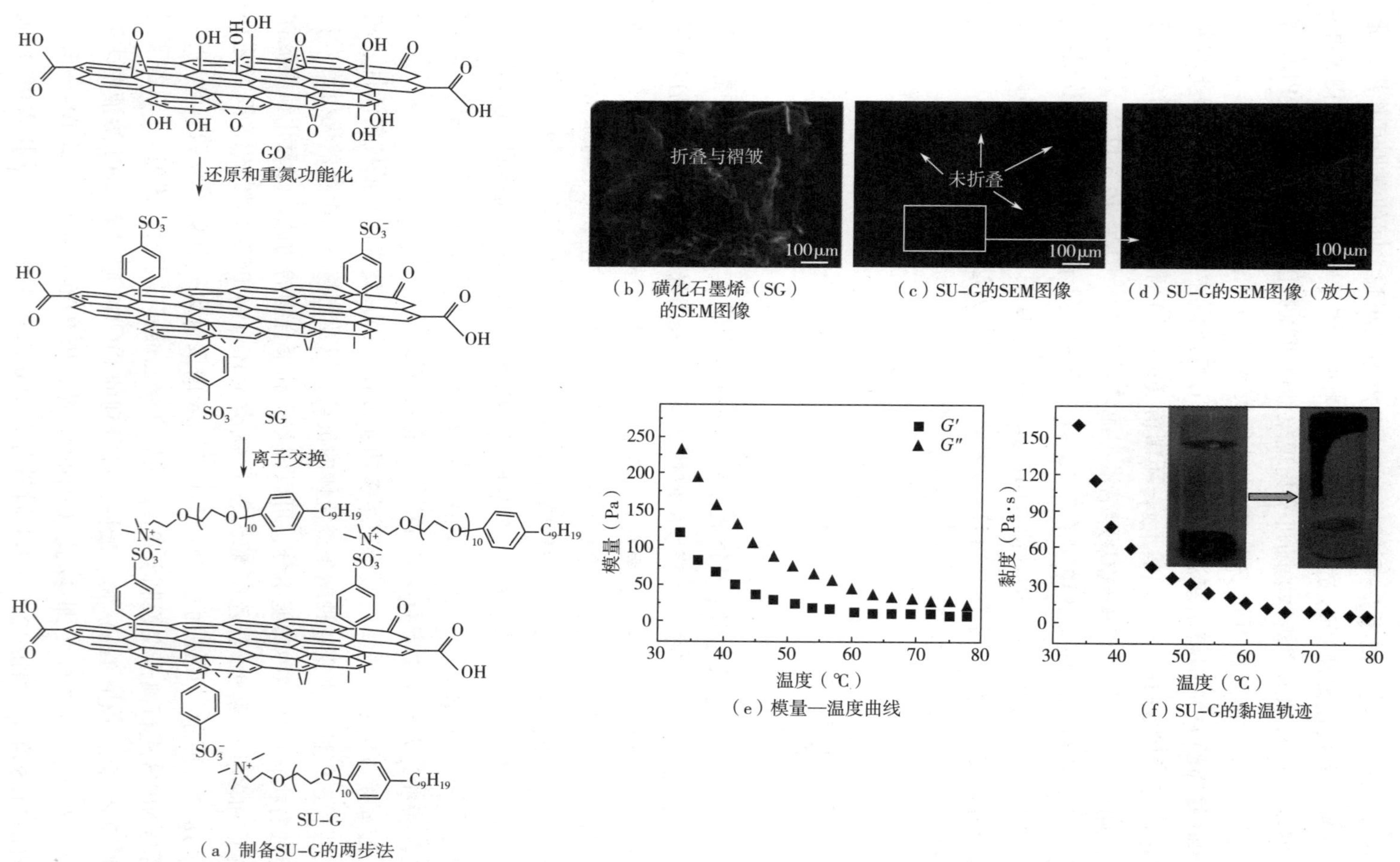

图 5-17 SU-G的制备及GONFs的流变特性

于混合物截面的 SEM 图显示，随着 Tifs 含量的增加，逐渐形成连续通道，透气性提高［图 5-18（b）（c）］。此外，PCPTifs-1.0 的抗拉强度和断裂伸长率分别为 63.2MPa 和 140.0%，高于 CPTifs 膜的 48.91MPa 和 74.1%［图 5-18（d）］。因此，纳米类流体模板化方法有望开发出多种多功能多孔高分子材料。

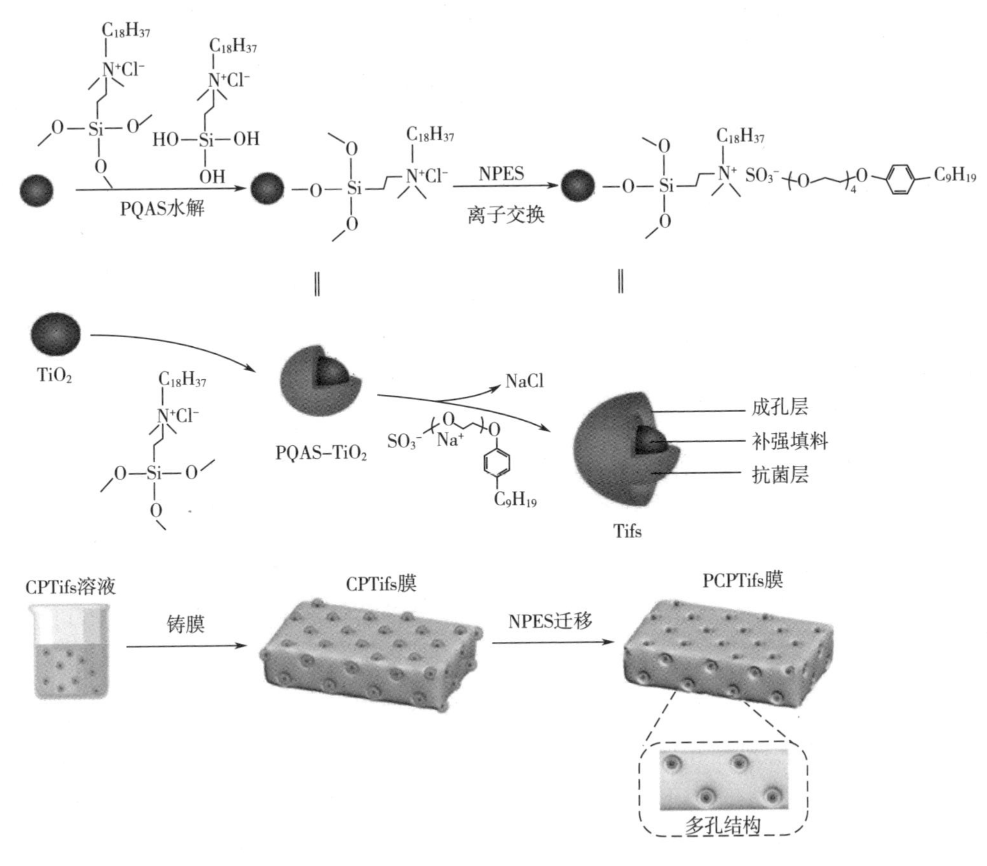

（a）Tifs和PCPTifs膜的生产过程

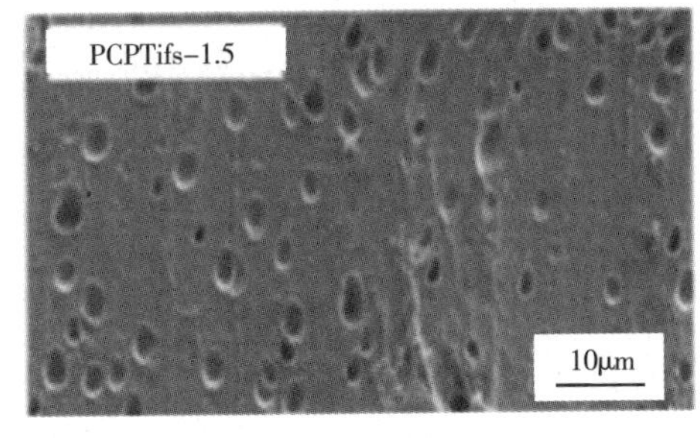

（b）PCPTifs-1.5膜的截面SEM图

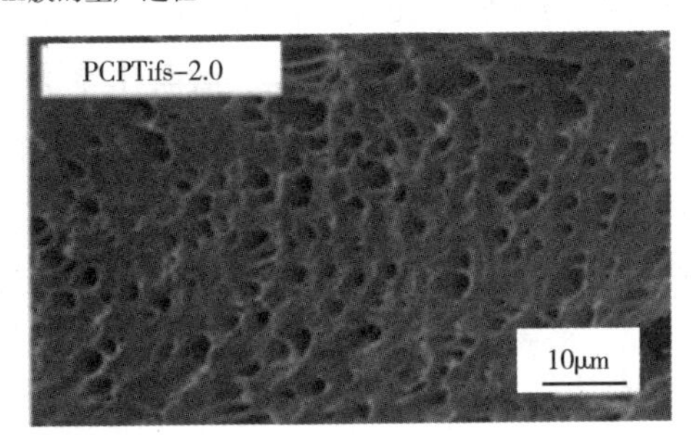

（c）PCPTifs-2.0膜的截面SEM图

图 5-18

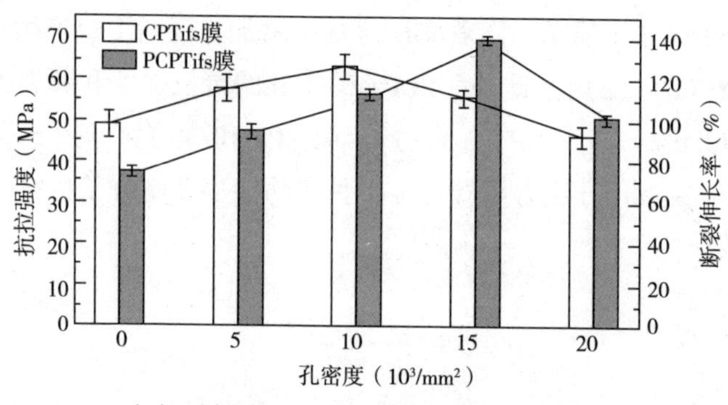

（d）不同孔密度下CPTifs膜和PCPTifs膜的力学性能

图 5-18　Tifs 和 PCPTifs 膜的制备、形貌和性能

5.9　生产与生活

在近代中国的发展史中，沥青和生物工业承担着至关重要的角色。沥青作为广泛应用的材料，具有重要地位。然而，过去的研究发现，纳米材料改性沥青面临着相容性和分散性不佳的挑战，这导致了纳米复合材料的力学性能受损。为了解决这些问题，提出了无溶剂纳米类流体。在沥青黏结剂中引入纳米类流体可以改善纳米颗粒之间的分散性，并提高纳米颗粒与基础沥青的相容性。

在生物工业中，酶是重要的催化剂，但酶在苛刻加工条件下受到稳定性和活性不足的限制。稳定性和活性主要受到酶与酶、酶与蛋白质等有机物之间相容性不足的影响。生物类流体形式的蛋白质—聚合物表面活性剂生物杂化物被提出，可以显著提高嗜温生物催化剂的稳定性和活性。通过在极低水合水平下合成无溶剂生物类流体，使生物催化剂的活性可以维持在异常高温的环境。聚合物表面活性剂电晕可以代替水合水，从而介导了与水合状态下相似的运动，提高了底物溶解度、质量传递和催化活性。因此，类流体在沥青和生物工业已经有所使用，并且有望应用在更多的领域。纳米类流体在生产与生活中具有广泛的应用潜力，为改进材料和推动工业进步提供了有力支持。

5.9.1　纳米类流体在沥青生产中的应用

沥青作为一种广泛应用的材料，在各个领域中具有重要地位，但也存在一些局限性。无机纳米颗粒和有机沥青黏结剂之间的界面性能存在差异，导致界面缺陷的形成，进而影响了纳米复合材料的力学性能。此外，纳米颗粒由于高表面能，容易出现团聚现象，难以在沥青黏结剂中实现均匀分散，从而无法充分发挥纳米颗粒的改性功能。不适当的纳米颗粒分散操作还会导致纳米材料的损伤和尺寸分解等不良结果，从而降低沥青黏结剂的原始性能。将纳米颗粒加工为具有流动性的类流体，其分子链段起到稳定界面的效果，从而提高沥青在使用过程中的稳定性。

何（He）等提出了一种以二氧化硅纳米颗粒为核的 SiO_2 NFs。采用 DC5700 和 NPES 对纳米颗粒进行表面改性和有机长链化学接枝，可以形成内部晶体结构保持不变且流动性良好的 SiO_2 NFs。这些 SiO_2 NFs 表现出类似液体的性质，为解决纳米颗粒团聚问题提供了方案。因此，在沥青黏结剂中引入 SiO_2 NFs 被认为是一种提高其性能可行的方法。通过添加 SiO_2 NFs，可以改善纳米颗粒之间的分散性，并提高纳米颗粒与基础沥青的相容性。这将增强沥青黏结剂的高温性能、水稳定性、抗疲劳性、抗裂性能和耐老化性能等方面的表现。SiO_2 NFs 添加到沥青黏结剂中可以提高基础沥青黏结剂的抗老化、抗车辙、抗疲劳开裂性能以及水稳定性。采用 FTIR、XRD、SEM 和 TGA 探究了 SiO_2纳米颗粒的微观结构特征和热稳定性。SEM 图像表明 SiO_2 NFs 的分散性和与沥青黏结剂的相容性都优于 SiO_2 纳米颗粒。通过温度扫描（TS）、多重应力蠕变恢复（MSCR）、线性振幅扫描（LAS）、频率扫描（FS）和弯曲梁流变仪（BBR）等流变特性试验，得出 SiO_2 NFs 的加入使沥青黏结剂的高温抗车辙性能略有降低，但有利于提高沥青黏结剂的疲劳寿命和低温抗裂性能的结论。

此外，沈（Shen）等通过化学接枝和离子交换技术并采用 DC5700 和 NPES 对 $CaCO_3$纳米颗粒表面进行改性。在没有任何溶剂和较低加热温度情况下合成流动的无溶剂 $CaCO_3$NFs。$CaCO_3$ NFs 改善了纳米颗粒以团聚物的形式存在或由于团聚引起的局部富集或偏析，从而导致复合材料的微观结构不均匀和力场的扭曲现象。此外，$CaCO_3$ NFs 使内核中的纳米材料均匀分散在沥青黏结剂中，在改善沥青分散性的同时，提高了沥青黏结剂的耐候性。由于 $CaCO_3$纳米颗粒的表面能较高、粒子间相互作用较强，导致 $CaCO_3$纳米颗粒在沥青中的团聚现象严重，存在大量孔隙，经过表面功能化后变得致密。搅拌后的 $CaCO_3$ NFs 在沥青黏结剂中具备纳米级分散结构，与沥青黏结剂形成稳定的共混体系，无团聚现象，分散效果更加均匀。并且，$CaCO_3$ NFs 几乎完全嵌入沥青黏结剂中。因此，$CaCO_3$ NFs 改性的黏结剂的相容性更好，界面力更强。这主要是由于以下原因。一方面，降低了 $CaCO_3$纳米颗粒的表面能，增加了粒子间的相互排斥。因此，团聚减弱，分散均匀性提高。另一方面，$CaCO_3$ NFs 表面的有机物具有较好的流动性，与沥青黏结剂的相容性也较好，进一步促进了 $CaCO_3$ NFs 的稳定性。综上可知，通过对纳米颗粒加工处理获得的无溶剂纳米类流体，可以更好地改善纳米颗粒在沥青黏结剂中的分散性和相容性，从而实现更好的改性效果并获得更稳定的改性沥青黏结剂。

5.9.2 纳米类流体在生物工业中的应用

阿特金斯（Atkins）等在无溶剂条件下，将过氧化物酶（HRP），葡萄糖氧化酶（GOD）和疏棉状嗜热丝孢菌脂肪酶（TLL）串联催化，构建了无溶剂准三元生物类流体。每种生物类流体都独立地在比蛋白质溶剂低约两个数量级的水合水平上保持生物活性。蛋白质—聚合物表面活性剂核—壳结构促进了生物杂交混溶性和极端亲性行为，使级联能够在远高于室温的温度下运行。表观热活化温度为 80℃，并在黏性生物流体内看似扩散的传质限制下实现了高达 150℃ 的串联催化。具有明显不同于催化运动和化学功能的酶的生物活性，突出了黏性表面活性剂环境替代水合和散装水的非凡能力。

5.10 本章小结

纳米类流体的独特结构和性能赋予了它广阔的应用前景。其分子柔性和范德瓦耳斯力导致的亲和性有效地提高了电化学稳定性，大大降低了钙钛矿的加工难度。巨大的比表面积和丰富的吸附位点，使其可高效捕获温室气体 CO_2，实现环境保护和气候变化应对。同时，纳米类流体在热传导领域具有优异表现。通过提高纳米颗粒的热运动频率和能量传递，显著增强了散热性能，为电子器件等高温应用提供有效的散热解决方案。此外，纳米类流体在润滑领域的应用前景广阔。纳米类流体作为润滑剂可显著降低摩擦系数和磨损率，提高材料的摩擦性能，为机械设备和材料的耐久性提供改进方案。在生产与生活中，纳米类流体在多个领域发挥作用。在沥青改性中，其改善了纳米颗粒的分散性和相容性，提高了沥青黏结剂的性能。在生物工业中，纳米类流体可以提高嗜温生物催化剂的稳定性和活性，推动工业催化反应的发展。

综上所述，纳米类流体作为一种新型材料，在新能源、分离与吸附、热传导、增强与润滑及工业生产等领域具有广阔的应用前景，为环保、能源利用和产业进步提供了创新解决方案。

第6章 总结与展望

6.1 总结

本书对纳米类流体的制备方法进行了系统性的归纳与总结，主要介绍了纳米类流体的基本概念、理论分析、不同类型纳米类流体的制备及其应用前景。本书结合流变学相关知识由纳米类流体基本概念入手，研究了不同种类纳米类流体的制备方法以及在不同领域的应用；由纳米类流体的力学理论分析纳米类流体的流变性质及纳米颗粒的聚集和分散行为，探究有机分子链对纳米类流体流动性质的影响；结合纳米类流体的基本性质对其进行有机分子链调控和特定功能设计；建立纳米类流体的分子动力学模型、流体力学模型以及多尺度模型，对纳米类流体进行模拟仿真，分析纳米类流体的流动行为。这对纳米类流体的制备及其应用的深入研究具有指导意义。

（1）概述了纳米类流体的基本概念，从纳米类流体的性质分析了不同种类纳米类流体的制备方法，在此基础上总结了纳米类流体的国内外研究现状及其应用领域。从纳米类流体的基本概念展开分析，提出本书的研究目标、研究内容和研究方法。

（2）利用分子动力学模型研究了纳米类流体的流动机理，利用流变学研究了纳米颗粒的聚集和分散行为。

（3）通过四种不同的纳米类流体的制备方法，如离子交换法、酸碱中和法、氢键自组装法和共价键法，研究无机纳米类流体的制备。介绍了基于单组分核和多组分核的无机纳米类流体的分类、结构与性质。此外，研究了核—壳结构对纳米类流体性能的影响，如常见的不同有机分子链以及不同核层结构对纳米类流体性能的影响。

（4）探究了高聚物纳米类流体的基础概念，分别介绍了壳聚糖、海藻酸盐、淀粉纳米晶、纤维素纳米晶以及魔芋葡甘聚糖纳米晶等高聚物材料；阐述了高聚物纳米类流体的制备方法，并对所制备的高聚物纳米类流体进行了分类概述，分为天然高分子、生物大分子和石油基难溶有机高分子纳米类流体。同时介绍了高聚物纳米类流体的结构与性能。

（5）重点介绍了纳米类流体在聚合物复合材料、新能源、气体捕获与吸附和热管理中的应用，同时介绍了纳米类流体在含油废水处理、生物医用、荧光量子点、结构设计及生产与生活等方面的应用。其中具体包含纳米类流体对聚合物复合材料的增强作用和润滑作用，纳米类流体在电池/电容器和太阳储能方面的应用等。

6.2 展望

本书详细介绍了纳米类流体的基本概念及其制备方法以及在不同领域的应用前景。分析了纳米类流体的结构和流变行为，建立了纳米类流体的分子动力学模型，用来分析纳米类流体的流动机理。但是本书对模拟的内容概述还不够全面，应包含多个维度的核—壳结构对流动性能的影响，因此需要对模型做进一步的完善。而且在纳米类流体的制备上没有设计出一种新的制备方法，仅仅是对已有的制备方法进行总结，并且未讨论多个制备方法的混合使用是否具有不同影响。以上不足之处仍需完善改进，后续还需要进行以下几个方面的研究。

（1）建立核—壳结构的分子动力学模型，并改变相关参数，分别讨论其对纳米类流体流动行为的影响。

（2）采用更多实验表征方法分析纳米类流体的结构和性能。

（3）探究更多的纳米类流体的制备方法，并研究不同制备方法之间的联系。

（4）对有机纳米类流体进行全面的研究，本书仅讨论了几种有机纳米类流体的制备过程，没有对有机纳米类流体的概念及其发展过程进行详细介绍，需要进一步加强基础理论分析。

（5）研究纳米类流体在不同时期的应用领域，本书仅从纳米类流体的结构特点分析其应用领域，应该进一步介绍纳米类流体在各种应用领域不同时期的应用前景。

参考文献

[1] GLEITER H, MARQUARDT P. Nanokristalline strukturen-ein weg zu neuen materialien? [J]. International Journal of Materials Research, 1984,75(4): 263-267.

[2] BOURLINOS A B, RAY CHOWDHURY S, HERRERA R, et al. Functionalized nanostructures with liquid-like behavior: Expanding the gallery of available nanostructures[J]. Advanced Functional Materials, 2005, 15(8): 1285-1290.

[3] WARREN S C, BANHOLZER M J, SLAUGHTER L S, et al. Generalized route to metal nanoparticles with liquid behavior[J]. Journal of the American Chemical Society, 2006, 128(37): 12074-12075.

[4] LEI Y A, XIONG C X, DONG L J, et al. Ionic liquid of ultralong carbon nanotubes[J]. Small, 2007, 3(11): 1889-1893.

[5] LEI Y A, XIONG C X, GUO H, et al. Controlled viscoelastic carbon nanotube fluids[J]. Journal of the American Chemical Society, 2008, 130(11): 3256-3257.

[6] RODRIGUEZ R, HERRERA R, ARCHER L A, et al. Nanoscale ionic materials[J]. Advanced Materials, 2008, 20(22): 4353-4358.

[7] PERRIMAN A W, CÖLFEN H, HUGHES R W, et al. Solvent-free protein liquids and liquid crystals[J]. Angewandte Chemie (International Ed in English), 2009, 48(34): 6242-6246.

[8] RODRIGUEZ R, HERRERA R, BOURLINOS A B, et al. The synthesis and properties of nanoscale ionic materials[J]. Applied Organometallic Chemistry, 2010, 24(8): 581-589.

[9] HUANG J, LI Q, WANG Y, et al. Self-suspended polyaniline doped with a protonic acid containing a polyethylene glycol segment[J]. Chemistry, an Asian Journal, 2011, 6(11): 2920-2924.

[10] ZHOU J, TIAN D M, LI H B. Multi-emission CdTe quantum dot nanofluids[J]. Journal of Materials Chemistry, 2011, 21(24): 8521-8523.

[11] TANG Z H, ZHANG L Q, ZENG C F, et al. General route to graphene with liquid-like behavior by non-covalent modification[J]. Soft Matter, 2012, 8(35): 9214-9220.

[12] JESPERSEN M L, MIRAU P A, VON MEERWALL E, et al. Canopy dynamics in nanoscale ionic materials[J]. ACS Nano, 2010, 4(7): 3735-3742.

[13] LI P P, WANG D C, ZHANG L, et al. An in situ coupling strategy toward porous carbon liquid with permanent porosity[J]. Small, 2021, 17(10): e2006687.

[14] LI P P, YANG R L, ZHENG Y P, et al. Effect of polyether amine canopy structure on carbon dioxide uptake of solvent-free nanofluids based on multiwalled carbon nanotubes[J]. Carbon, 2015, 95: 408-418.

[15] LI P P, CHEN H, SCHOTT J A, et al. Porous liquid zeolites: Hydrogen bonding-stabilized H-ZSM-5 in branched ionic liquids[J]. Nanoscale, 2019, 11(4): 1515-1519.

[16] WANG D C, XIN Y Y, LI X Q, et al. A universal approach to turn UiO-66 into type 1 porous liquids via post-synthetic modification with corona-canopy species for CO_2 capture[J]. Chemical Engineering Journal, 2021, 416: 127625.

[17] ZHAO X M, YUAN Y H, LI P P, et al. A polyether amine modified metal organic framework enhanced the CO_2 adsorption capacity of room temperature porous liquids[J]. Chemical Communications, 2019, 55(87): 13179-13182.

[18] WANG D C, XIN Y Y, LI X Q, et al. Transforming metal-organic frameworks into porous liquids via a covalent linkage strategy for CO_2 capture[J]. ACS Applied Materials & Interfaces, 2021, 13(2): 2600-2609.

[19] LI X Q, YAO D D, WANG D C, et al. Amino-functionalized ZIFs-based porous liquids with low viscosity for efficient low-pressure CO_2 capture and CO_2/N_2 separation[J]. Chemical Engineering Journal, 2022, 429: 132296.

[20] CHENG Q Y, CHEN P, YE D D, et al. The conversion of nanocellulose into solvent-free nanoscale liquid crystals by attaching long side-arms for multi-responsive optical materials[J]. Journal of Materials Chemistry C, 2020, 8(32): 11022-11031.

[21] WANG D C, NING H L, XIN Y Y, et al. Transforming $Ti_3C_2T_x$ MXenes into nanoscale ionic materials via an electronic interaction strategy[J]. Journal of Materials Chemistry A, 2021, 9(27): 15441-15451.

[22] BOURLINOS A B, CHOWDHURY S R, JIANG D D, et al. Layered organosilicate nanoparticles with liquidlike behavior[J]. Small, 2005, 1(1): 80-82.

[23] YU H Y, KOCH D L. Structure of solvent-free nanoparticle-organic hybrid materials[J]. Langmuir: the ACS Journal of Surfaces and Colloids, 2010, 26(22): 16801-16811.

[24] HONG B B, CHREMOS A, PANAGIOTOPOULOS A Z. Simulations of the structure and dynamics of nanoparticle-based ionic liquids[J]. Faraday Discussions, 2012, 154: 29-40.

[25] 杨诗文. 有机长链离子修饰无机纳米粒子及填充复合材料的结构与性能研究[D]. 武汉：武汉纺织大学, 2017.

[26] 于乔. 纳米类流体填充聚乳酸复合材料结构与性能研究[D]. 武汉：武汉纺织大学, 2020.

[27] WANG Y D, YAO D D, ZHENG Y P. A review on synthesis and application of solvent-free nanofluids[J]. Advanced Composites and Hybrid Materials, 2019, 2(4): 608-625.

[28] BOURLINOS A B, HERRERA R, CHALKIAS N, et al. Surface-functionalized nanoparticles with liquid-like behavior[J]. Advanced Materials, 2005, 17(2): 234-237.

[29] BOURLINOS A B, STASSINOPOULOS A, ANGLOS D, et al. Functionalized ZnO nanoparticles with liquidlike behavior and their photoluminescence properties[J]. Small, 2006, 2(4): 513-

516.

[30] BAI H P, ZHENG Y P, YANG R L. Recyclable liquid-like POSS derivatives with designed structures and their potential for CO_2 capture[J]. Materials & Design, 2016, 99: 145-154.

[31] ZHANG Q J, WU J Q, GAO L, et al. Influence of a liquid-like MWCNT reinforcement on interfacial and mechanical properties of carbon fiber filament winding composites[J]. Polymer, 2016, 90: 193-203.

[32] ZHENG Y P, ZHANG J X, LAN L, et al. Preparation of solvent-free gold nanofluids with facile self-assembly technique[J]. Chem Phys Chem, 2010, 11(1): 61-64.

[33] TAN Y M, ZHENG Y P, WANG N, et al. Controlling the properties of solvent-free Fe_3O_4 nanofluids by corona structure[J]. Nano-Micro Letters, 2012, 4(4): 208-214.

[34] WU J J, LI D D, ZENG H F, et al. TiO_2 nanoscale ionic materials using mussel adhesive proteins inspired ligand[J]. Applied Surface Science, 2018, 459: 606-611.

[35] ZHANG J X, LIU S, YAN C, et al. Abrasion properties of self-suspended hairy titanium dioxide nanomaterials[J]. Applied Nanoscience, 2017, 7(8): 691-700.

[36] AHMED E, BRETERNITZ J, GROH M F, et al. Ionic liquids as crystallisation media for inorganic materials[J]. Cryst Eng Comm, 2012, 14(15): 4874-4885.

[37] LIN K Y A, YANG H T, LEE W D, et al. A magnetic fluid based on covalent-bonded nanoparticle organic hybrid materials (NOHMs) and its decolorization application in water[J]. Journal of Molecular Liquids, 2015, 204: 50-59.

[38] LI D D, WU J J, XU X, et al. Solvent free nanoscale ionic materials based on Fe_3O_4 nanoparticles modified with mussel inspired ligands[J]. Journal of Colloid and Interface Science, 2018, 531: 404-409.

[39] GU S Y, GAO X F, ZHANG Y H. Synthesis and characterization of solvent-free ionic molybdenum disulphide (MoS_2) nanofluids[J]. Materials Chemistry and Physics, 2015, 149-150: 587-593.

[40] MANIGLIA R, REED K J, TEXTER J. Reactive CeO_2 nanofluids for UV protective films[J]. Journal of Colloid and Interface Science, 2017, 506: 346-354.

[41] 秦义. 无机纳米类流体/聚乳酸 Janus 纤维膜制备及应用研究[D]. 武汉: 武汉纺织大学, 2021.

[42] BOURLINOS A B, RAMAN K, HERRERA R, et al. A liquid derivative of 12-tungstophosphoric acid with unusually high conductivity[J]. Journal of the American Chemical Society, 2004, 126(47): 15358-15359.

[43] MICHINOBU T, NAKANISHI T, HILL J P, et al. Room temperature liquid fullerenes: An uncommon morphology of C60 derivatives[J]. Journal of the American Chemical Society, 2006,

128(32): 10384-10385.

[44] LAN L, ZHENG Y P, ZHANG A B, et al. Study of ionic solvent-free carbon nanotube nanofluids and its composites with epoxy matrix[J]. Journal of Nanoparticle Research, 2012, 14(3): 753.

[45] ZHANG J X, ZHENG Y P, YU P Y, et al. Modified carbon nanotubes with liquid-like behavior at 45 ℃[J]. Carbon, 2009, 47(12): 2776-2781.

[46] ZHANG J X, ZHENG Y P, YU P Y, et al. The synthesis of functionalized carbon nanotubes by hyperbranched poly(amine-ester) with liquid-like behavior at room temperature[J]. Polymer, 2009, 50(13): 2953-2957.

[47] TANG Z H, ZENG C F, LEI Y D, et al. Fluorescent whitening agent stabilized graphene and its composites with chitosan[J]. Journal of Materials Chemistry, 2011, 21(43): 17111-17118.

[48] 李琦，杜欣，黄静，等. 低聚物离子液体修饰石墨烯的性能研究[C]. 中国化学会高分子学科委员会 .2011 年全国高分子学术论文报告会论文摘要集,武汉理工大学材料学院;武汉纺织大学材料学院,2011:1.

[49] WU L S, ZHANG B Q, LU H, et al. Nanoscale ionic materials based on hydroxyl-functionalized graphene[J]. Journal of Materials Chemistry A, 2014, 2(5): 1409-1417.

[50] LIU J X, WANG X, LIU Y, et al. Bioinspired three-dimensional and multiple adsorption effects toward high lubricity of solvent-free graphene-based nanofluid[J]. Carbon, 2022, 188: 166-176.

[51] WANG D C, YAO D D, WANG Y D, et al. Carbon nanotubes and graphene oxide-based solvent-free hybrid nanofluids functionalized mixed-matrix membranes for efficient CO_2/N_2 separation[J]. Separation and Purification Technology, 2019, 221: 421-432.

[52] LI Q, DONG L J, LIU Y, et al. A carbon black derivative with liquid behavior[J]. Carbon, 2011, 49(3): 1047-1051.

[53] WANG D C, XIN Y Y, WANG Y D, et al. A general way to transform $Ti_3C_2T_x$ MXene into solvent-free fluids for filler phase applications[J]. Chemical Engineering Journal, 2021, 409: 128082.

[54] LIN K Y A, PARK A H A. Effects of bonding types and functional groups on CO_2 capture using novel multiphase systems of liquid-like nanoparticle organic hybrid materials[J]. Environmental Science & Technology, 2011, 45(15): 6633-6639.

[55] MOGANTY S S, SRIVASTAVA S, LU Y Y, et al. Ionic liquid-tethered nanoparticle suspensions: A novel class of ionogels[J]. Chemistry of Materials, 2012, 24(7): 1386-1392.

[56] ZHANG J S, CHAI S H, QIAO Z A, et al. Porous liquids: A promising class of media for gas separation[J]. Angewandte Chemie (International Ed in English), 2015, 54(3): 932-936.

[57] ZHANG J X, ZHENG Y P, LAN L, et al. The preparation of a silica nanoparticle hybrid ionic

nanomaterial and its electrical properties[J]. RSC Advances, 2013, 3(37): 16714-16719.

[58] 尚雪梅. 纳米 SiO_2 类流体的制备及性能研究[D]. 武汉: 武汉理工大学, 2008.

[59] PETIT C, LIN K Y A, PARK A H A. Design and characterization of liquidlike POSS-based hybrid nanomaterials synthesized via ionic bonding and their interactions with CO_2[J]. Langmuir: the ACS Journal of Surfaces and Colloids, 2013, 29(39): 12234-12242.

[60] BAI H P, ZHENG Y P, LI P P, et al. Synthesis of liquid-like trisilanol isobutyl-POSS NOHM and its application in capturing CO_2[J]. Chemical Research in Chinese Universities, 2015, 31(3): 484-488.

[61] BAI H P, ZHENG Y P, ZHENG D, et al. Influence of liquid-like polyhedral oligomeric silsesquioxanes derivatives structures on thermal resistance property of their epoxy nanocomposites [J]. Polymer Composites, 2018, 39(5): 1620-1629.

[62] YANG S W, TAN Y Q, YIN X Z, et al. Preparation and characterization of monodisperse solvent-free silica nanofluids[J]. Journal of Dispersion Science and Technology, 2017, 38(3): 425-431.

[63] YANG Z Q, YING Y P, PU Y C, et al. Poly(ionic liquid)-functionalized UiO-66-$(OH)_2$: Improved interfacial compatibility and separation ability in mixed matrix membranes for CO_2 separation[J]. Industrial & Engineering Chemistry Research, 2022, 61(22): 7626-7633.

[64] WANG D C, SONG S, ZHANG W R, et al. CO_2 selective separation of Pebax-based mixed matrix membranes (MMMs) accelerated by silica nanoparticle organic hybrid materials (NOHMs) [J]. Separation and Purification Technology, 2020, 241: 116708.

[65] WU Y W, WANG D C, LI P P, et al. Zeolitic imidazolate frameworks based porous liquids for promising fluid selective gas sorbents[J]. Journal of Molecular Liquids, 2021, 342: 117522.

[66] ZHAO X M, YUAN Y H, LI P P, et al. A polyether amine modified metal organic framework enhanced the CO_2 adsorption capacity of room temperature porous liquids[J]. Chemical Communications, 2019, 55(87): 13179-13182.

[67] YANG R L, ZHANG Q, SHI J, et al. A novel magnetic loading porous liquid absorbent for removal of Cu(Ⅱ) and Pb(Ⅱ) from the aqueous solution[J]. Separation and Purification Technology, 2023, 314: 123605.

[68] LI P, SCHOTT J A, ZHANG J, et al. Electrostatic-assisted liquefaction of porous carbons[J]. Angewandte Chemie (International Ed in English), 2017, 56(47): 14958-14962.

[69] LI Q, DONG L J, DENG W, et al. Solvent-free fluids based on rhombohedral nanoparticles of calcium carbonate[J]. Journal of the American Chemical Society, 2009, 131(26): 9148-9149.

[70] YANG S W, LI S, YIN X Z, et al. Preparation and characterization of non-solvent halloysite nanotubes nanofluids[J]. Applied Clay Science, 2016, 126: 215-222.

[71] WENG P X, YIN X Z, YANG S W, et al. Functionalized magnesium hydroxide fluids/acrylate-

coated hybrid cotton fabric with enhanced mechanical, flame retardant and shape-memory properties[J]. Cellulose, 2018, 25(2): 1425-1436.

[72] SHEN H, WANG J F, LI Y S, et al. Enhanced moisture permeability and heat dissipation effect of solvent-free boron nitride fluids based polylactic acid fibrous membranes[J]. Composites Communications, 2022, 29: 101001.

[73] ZHANG J X, ZHENG Y P, LAN L, et al. Direct synthesis of solvent-free multiwall carbon nanotubes/silica nonionic nanofluid hybrid material[J]. ACS Nano, 2009, 3(8): 2185-2190.

[74] LI P P, ZHENG Y P, WU Y W, et al. A nanoscale liquid-like graphene@ Fe_3O_4 hybrid with excellent amphiphilicity and electronic conductivity[J]. New J Chem, 2014, 38(10): 5043-5051.

[75] ZHENG Y P, YANG R L, WU F, et al. A functional liquid-like multiwalled carbon nanotube derivative in the absence of solvent and its application in nanocomposites[J]. RSC Advances, 2014, 4(57): 30004-30012.

[76] LI P P, ZHENG Y P, LI M Z, et al. Enhanced flame-retardant property of epoxy composites filled with solvent-free and liquid-like graphene organic hybrid material decorated by zinc hydroxystannate boxes[J]. Composites Part A: Applied Science and Manufacturing, 2016, 81: 172-181.

[77] BAI H P, ZHENG Y P, WANG T Y, et al. Magnetic solvent-free nanofluid based on Fe_3O_4/polyaniline nanoparticles and its adjustable electric conductivity[J]. Journal of Materials Chemistry A, 2016, 4(37): 14392-14399.

[78] GUO Y X, GUO L H, LI G T, et al. Solvent-free ionic nanofluids based on graphene oxide-silica hybrid as high-performance lubricating additive[J]. Applied Surface Science, 2019, 471: 482-493.

[79] LI P P, ZHENG Y P, WU Y W, et al. Multifunctional liquid-like graphene@ Fe_3O_4 hybrid nanofluid and its epoxy nanocomposites[J]. Polymer Composites, 2016, 37(12): 3474-3485.

[80] CHENG C X, ZHANG M J, WANG S Y, et al. Improving interfacial properties and thermal conductivity of carbon fiber/epoxy composites via the solvent-free GO@ Fe_3O_4 nanofluid modified water-based sizing agent[J]. Composites Science and Technology, 2021, 209: 108788.

[81] LI P P, SHI T, YAO D D, et al. Covalent nanocrystals-decorated solvent-free graphene oxide liquids[J]. Carbon, 2016, 110: 87-96.

[82] YANG S W, LIU J C, PAN F, et al. Fabrication of self-healing and hydrophilic coatings from liquid-like graphene@ SiO_2 hybrids[J]. Composites Science and Technology, 2016, 136: 133-144.

[83] GUO Y X, LIU G Q, LI G T, et al. Solvent-free ionic silica nanofluids: Smart lubrication materials exhibiting remarkable responsiveness to weak electrical stimuli[J]. Chemical Engineering

Journal, 2020, 383: 123202.

[84] SAKAI Y S, HAYANO K, YOSHIOKA H, et al. Chitosan-coating of cellulosic materials using an aqueous chitosan-CO_2 solution[J]. Polymer Journal, 2002, 34(3): 144-148.

[85] BADAWY M E I, RABEA E I. Synthesis and antifungal property of N-(aryl) and quaternary N-(aryl) chitosan derivatives against Botrytis cinerea[J]. Cellulose, 2014, 21(4): 3121-3137.

[86] GARTNER H, LI Y N, ALMENAR E. Improved wettability and adhesion of polylactic acid/chitosan coating for bio-based multilayer film development[J]. Applied Surface Science, 2015, 332: 488-493.

[87] MAZUR K, BUCHNER R, BONN M, et al. Hydration of sodium alginate in aqueous solution [J]. Macromolecules, 2014, 47(2): 771-776.

[88] 高山俊，黄锦，申丹. 魔芋葡甘聚糖纳米晶的制备[J]. 化学与生物工程，2009，26(6): 62-65.

[89] 汪师帅. 魔芋微晶制备与再生中结构与性能研究[D]. 武汉：华中农业大学，2015.

[90] 翁普新. 天然高聚物类流体的制备及性能研究[D]. 武汉：武汉纺织大学，2018.

[91] CHENG B B, YAN S, LI Y S, et al. In-situ growth of robust and superhydrophilic nano-skin on electrospun Janus nanofibrous membrane for oil/water emulsions separation[J]. Separation and Purification Technology, 2023, 315: 123728.

[92] YUAN H, YANG S W, YAN H, et al. Liquefied polysaccharides-based polymer with tunable condensed state structure for antimicrobial shield by multiple processing methods[J]. Small Methods, 2022, 6(5): e2200129.

[93] YIN X Z, LI Y, WENG P X, et al. Simultaneous enhancement of toughness, strength and superhydrophilicity of solvent-free microcrystalline cellulose fluids/poly(lactic acid) fibers fabricated via electrospinning approach[J]. Composites Science and Technology, 2018, 167: 190-198.

[94] SHEN H, LI Y S, YAO W, et al. Solvent-free cellulose nanocrystal fluids for simultaneous enhancement of mechanical properties, thermal conductivity, moisture permeability and antibacterial properties of polylactic acid fibrous membrane[J]. Composites Part B: Engineering, 2021, 222: 109042.

[95] SANG Z, ZHANG W Q, ZHOU Z Y, et al. Functionalized alginate with liquid-like behaviors and its application in wet-spinning[J]. Carbohydrate Polymers, 2017, 174: 933-940.

[96] 陈秀玲. 魔芋葡甘聚糖纳米晶类流体及其复合材料的制备与性能研究[D]. 武汉：武汉理工大学，2020.

[97] LIU K, MA C, GÖSTL R, et al. Liquefaction of biopolymers: Solvent-free liquids and liquid crystals from nucleic acids and proteins[J]. Accounts of Chemical Research, 2017, 50(5): 1212-1221.

[98] 洪婕. 无溶剂聚吡咯流体的制备及特性研究[D]. 武汉：武汉理工大学，2013.

[99] 王颖. 可流动性聚苯胺的制备与性能研究[D]. 武汉：武汉理工大学，2008.

[100] 汪越. 多功能性聚苯胺的制备及其性能研究[D]. 武汉：武汉理工大学,2011.

[101] HUANG J, WANG M K, WANG S, et al. Self-suspended polyaniline containing self-dissolved lyotropic liquid crystal with electrical conductivity[J]. Journal of Polymer Science Part A: Polymer Chemistry, 2016, 54(22): 3578-3582.

[102] HE J H, XIE H A, HONG J, et al. Self-suspended polypyrrole with liquid crystal property[J]. Journal of Polymer Research, 2018, 25(2): 56.

[103] 刘志康. 无溶剂聚苯胺流体的合成、性能与应用研究[D]. 武汉：武汉纺织大学，2016.

[104] GAO Z, YANG J W, HUANG J, et al. A three-dimensional graphene aerogel containing solvent-free polyaniline fluid for high performance supercapacitors[J]. Nanoscale, 2017, 9(45): 17710-17716.

[105] 殷先泽，翁普新，杨诗文，等. 一种聚苯硫醚改性材料的制备方法：CN105694455B[P]. 2017-12-29.

[106] HUANG J, LIU Z K, WANG S, et al. Preparation and characterization of self-suspended tetraaniline with liquid crystal texture[J]. Synthetic Metals, 2016, 220: 428-432.

[107] WANG M K, HUANG J, YANG Q L, et al. Synthesis and characterization of a fluid-like novel aniline pentamer[J]. Macromolecular Research, 2018, 26(3): 233-237.

[108] BAI H P, ZHENG Y P, WANG T Y, et al. Magnetic solvent-free nanofluid based on Fe_3O_4/polyaniline nanoparticles and its adjustable electric conductivity[J]. Journal of Materials Chemistry A, 2016, 4(37): 14392-14399.

[109] LI J, JIANG N, CHENG C X, et al. Preparation of magnetic solvent-free carbon nanotube/Fe_3O_4 nanofluid sizing agent to enhance thermal conductivity and interfacial properties of carbon fiber composites[J]. Composites Science and Technology, 2023, 236: 109980.

[110] LI Q, DONG L J, LI L B, et al. The effect of the addition of carbon nanotube fluids to a polymeric matrix to produce simultaneous reinforcement and plasticization[J]. Carbon, 2012, 50(5): 2056-2060.

[111] GUO Y X, ZHANG L G, ZHANG G, et al. High lubricity and electrical responsiveness of solvent-free ionic SiO_2 nanofluids[J]. Journal of Materials Chemistry A, 2018, 6(6): 2817-2827.

[112] JIAO C C, CAI T, CHEN H Y, et al. A mucus-inspired solvent-free carbon dot-based nanofluid triggers significant tribological synergy for sulfonated h-BN reinforced epoxy composites[J]. Nanoscale Advances, 2023, 5(3): 711-724.

[113] ZHANG S, LI W, MA X L, et al. Solvent-free carbon sphere nanofluids towards intelligent lubrication regulation[J]. Friction, 2024, 12(1): 95-109.

[114] ZHOU L, WANG J Y, LIU Z K, et al. Facile self-assembling of three-dimensional gra-

phene/solvent free carbon nanotubes fluid framework for high performance supercapacitors[J]. Journal of Alloys and Compounds, 2020, 820: 153157.

[115] HUANG L, WU Q, LIU S X, et al. Solvent-free production of carbon materials with developed pore structure from biomass for high-performance supercapacitors[J]. Industrial Crops and Products, 2020, 150: 112384.

[116] SHI W L, CHEN J P, YANG Q L, et al. Novel three-dimensional carbon nanotube-graphene architecture with abundant chambers and its application in lithium-silicon batteries[J]. The Journal of Physical Chemistry C, 2016, 120(25): 13807-13814.

[117] TSEN W C, CHUANG F S, JANG S C, et al. Chitosan/$CaCO_3$ solvent-free nanofluid composite membranes for direct methanol fuel cells[J]. Polymer Engineering & Science, 2019, 59(10): 2128-2135.

[118] TSEN W C. Attapulgite solvent-free nanofluids modified SPEEK proton exchange membranes for direct methanol fuel cells[J]. Ionics, 2020, 26(11): 5651-5660.

[119] NG A, REN Z W, HU H L, et al. Perovskite solar cells: A cryogenic process for antisolvent-free high-performance perovskite solar cells[J]. Advanced Materials, 2018, 30(44): 1804402.

[120] CHEN H, YE F, TANG W T, et al. A solvent-and vacuum-free route to large-area perovskite films for efficient solar modules[J]. Nature, 2017, 550(7674): 92-95.

[121] YU Q, WENG P X, HAN L, et al. Enhanced thermal conductivity of flexible cotton fabrics coated with reactive MWCNT nanofluid for potential application in thermal conductivity coatings and fire warning[J]. Cellulose, 2019, 26(12): 7523-7535.

[122] GUO Y X, ZHANG L G, ZHAO F Y, et al. Tribological behaviors of novel epoxy nanocomposites filled with solvent-free ionic SiO2 nanofluids[J]. Composites Part B: Engineering, 2021, 215: 108751.

[123] LI Y S, YAN S, LI Z W, et al. Liquid-like nanofluid mediated modification of solar-assisted sponges for highly efficient cleanup and recycling of viscous crude oil spills[J]. Journal of Materials Chemistry A, 2022, 10(30): 16224-16235.

[124] WENG P X, LIU K, YUAN M, et al. Development of a ZIF-91-porous-liquid-based composite hydrogel dressing system for diabetic wound healing[J]. Small, 2023, 19(25): e2301012.

[125] YU Q, QIN Y, HAN M Y, et al. Preparation and characterization of solvent-free fluids reinforced and plasticized polylactic acid fibrous membrane[J]. International Journal of Biological Macromolecules, 2020, 161: 122-131.

[126] FENG Q S, DONG L J, HUANG J, et al. Fluxible monodisperse quantum dots with efficient luminescence[J]. Angewandte Chemie (International Ed in English), 2010, 49(51): 9943-9946.

[127] LIU T, SHI F D, BOUSSOUAR I, et al. Liquid quantum dots constructed by host-guest interaction[J]. ACS Macro Letters, 2015, 4(4): 357-360.

[128] ZHOU J, HUANG J, TIAN D M, et al. Cyclodextrin modified quantum dots with tunable liquid-like behaviour[J]. Chemical Communications, 2012, 48(30): 3596-3598.

[129] WANG F, XIE Z, ZHANG B, et al. Down-and up-conversion luminescent carbon dot fluid: Inkjet printing and gel glass fabrication[J]. Nanoscale, 2014, 6(7): 3818-3823.

[130] LI Q, DONG L J, SUN F, et al. Self-unfolded graphene sheets[J]. Chemistry-A European Journal, 2012, 18(23): 7055-7059.

[131] JU J P, HAO L Y, YANG S W, et al. Designing robust, breathable, and antibacterial multifunctional porous membranes by a nanofluids templated strategy[J]. Advanced Functional Materials, 2020, 30(46): 2006544.

[132] HE H Q, HU J L, LI R, et al. Study on rheological properties of silica nanofluids modified asphalt binder[J]. Construction and Building Materials, 2021, 273: 122046.

[133] SHEN C C, LI R, PEI J Z, et al. Preparation and the effect of surface-functionalized calcium carbonate nanoparticles on asphalt binder[J]. Applied Sciences, 2019, 10(1): 91.

[134] ATKINS D L, BERROCAL J A, MASON A F, et al. Tandem catalysis in multicomponent solvent-free biofluids[J]. Nanoscale, 2019, 11(42): 19797-19805.